建设工程预算一例通

# 园林绿化工程预算一例通

《园林绿化工程预算一例通》编委会　编

机械工业出版社

本书以《建设工程工程量清单计价规范》（GB 50500—2008）为依据，以快速学会预算为目的，以一个工程实例说明预算过程，分为某小区园林绿化工程工程量清单编制实例、某小区园林绿化工程工程量清单招标控制价编制实例、某小区园林绿化工程工程量清单投标报价编制实例、某小区园林绿化工程工程量清单竣工结算编制实例、某小区园林绿化工程定额投标报价编制实例、某小区园林绿化工程相关工程图样等六章。

本书适用于建设工程造价人员、造价审核人员，也可供园林工程工程量清单编制、投标报价编制的造价工程师、项目经理及相关业务人员参考使用，同时也可作为大专院校相关专业师生的参考用书。

**图书在版编目（CIP）数据**

园林绿化工程预算一例通/《园林绿化工程预算一例通》编委会编. —北京：机械工业出版社，2011.3

（建设工程预算一例通）

ISBN 978-7-111-33001-1

Ⅰ.①园… Ⅱ.①园… Ⅲ.①园林—绿化—建筑预算定额 Ⅳ.①TU986.3

中国版本图书馆CIP数据核字（2011）第002593号

机械工业出版社（北京市百万庄大街22号 邮政编码100037）

策划编辑：关正美 责任编辑：关正美 陈将浪

版式设计：张世琴 责任校对：赵 蕊

封面设计：张 静 责任印制：杨 曦

**北京双青印刷厂印刷**

2011年3月第1版第1次印刷

210mm×285mm·8印张·4插页·233千字

标准书号：ISBN 978-7-111-33001-1

定价：32.00元

凡购本书，如有缺页、倒页、脱页，由本社发行部调换

电话服务

社服务中心：(010)88361066

销售一部：(010)68326294

销售二部：(010)88379649

读者服务部：(010)68993821

网络服务

门户网：http://www.cmpbook.com

教材网：http://www.cmpedu.com

# 本书编委会成员名单

# 前　言

随着经济体制改革的深入和对外开放政策的实施，我国基本建设概（预）算定额管理的模式已逐步转变为工程造价管理模式。社会各界越来越重视和加强项目决策阶段的投资估算工作，并努力提高可行性研究报告投资估算的准确度，切实发挥其控制建设项目总造价的作用。工程造价咨询产生并逐渐发展。为了方便建设工程造价工程师执行《建设工程工程量清单计价规范》（GB 50500—2008）及相关的建设工程预算定额《全国统一建筑工程基础定额》（GJD—101—1995），提高建设工程工程量清单计价和定额预算计价的编制质量与工作效率，根据建设工程的特点，并结合广大建设工程造价工程师在实际工作中的需要，编者利用在这方面积累的实践经验，编写了本书。本书实用性强，通篇为实际工程预算的一个例子，读者可以通过本书快速掌握预算过程，为了方便读者，本书在每一章的第一节对基本预算知识作了简要的介绍。本书在实例中提出了以下四点：

（1）基本点。主要是对实例涉及的问题与《建设工程工程量清单计价规范》（GB 50500—2008）一一对应，便于读者清晰找到知识点的出处。

（2）提示。指出实例结果的来龙去脉，读者不必绞尽脑汁查询计算步骤。

（3）难点。把实际工作中的难点归纳，使读者在工作中可以事半功倍。

（4）深化。从以往建设工程造价领域中总结经验、积累资料和收集信息。为了帮助广大建设工程造价工程师提高自己的实际操作能力，解决工作中遇到的实际问题，本书在实例中详细列出了应该注意的事项和容易出错的地方，以帮助读者快速掌握。本书适用于从事建设工程预算、造价计价、投标报价及项目管理等工作的技术人员参考使用。

本书由王冰担任主任，编写得到了有关领导和专家的大力支持和帮助。其中，李金凤、段坤、蔡泽森、汤清平、沈宇、李俊华、王玉松、谢慧平、陈龙、耿保池、汤艳红、谢振奋、方明科、翟红红、刘凤珠、刘雪兵、张建波和玄志松提供了实例并解答相关的问题，在此说明。此外，本书还参考和引用了有关部门、单位和个人的资料，在此一并表示深切的感谢。

由于编者的水平有限，书中错误及疏漏之处在所难免，恳请广大读者和专家批评指正。

**《园林绿化工程预算一例通》编委会**

# 目　　录

# 第一章　某小区园林绿化工程工程量清单编制实例

## 第一节　园林绿化工程预算的基础知识及工程招标投标的基本流程

### 一、园林绿化工程预算的基本提示

广义的园林绿化工程包括绿化工程，园林、园桥、假山工程以及园林景观工程等。根据园林绿化工程的设计图样（建筑图、施工图）、园林绿化工程预算定额（国家、地方标准）、费用定额（即间接费定额）、建筑材料预算价格以及有关规定等，预先计算和确定每个项目所需的全部费用，称为园林绿化工程预算。

### 二、园林绿化工程预算的组成

园林绿化工程预算的组成：直接费；间接费；利润；税金。其中，直接费由直接工程费及措施费组成。

**1. 直接工程费**

直接工程费是指施工过程中耗费的构成工程实体的各项费用，包括人工费、材料费、施工机械使用费。

$$直接工程费 = 人工费 + 材料费 + 施工机械使用费 \tag{1-1}$$

（1）人工费。是指直接从事建筑安装施工的生产工人开支的各项费用。

（2）材料费。材料费是指施工过程中耗费的构成工程实体的原材料、辅助材料、构（配）件、零件、半成品的费用。主要内容包括：

1）材料原价（或供应价格）。

2）材料运杂费。是指材料自来源地运至工地仓库或指定堆放地点所发生的全部费用。

3）运输损耗费。是指材料在运输装卸过程中不可避免的损耗。

4）采购及保管费。是指为组织采购、供应和保管材料所需要的各项费用。主要有采购费、仓储费、工地保管费、仓储损耗。

5）检验试验费。是指对建筑材料、构件和建筑安装物进行一般鉴定、检查所发生的费用。包括自设试验室进行试验所耗用的材料和化学药品等费用。新结构、新材料的试验费和建设单位对具有出厂合格证明的材料进行检验，对构件做破坏性试验及其他特殊要求的检验、试验的费用不包括在内。

$$材料费 = \sum(材料消耗量 \times 材料基价) + 检验试验费 \tag{1-2}$$

$$材料基价 = \{(供应价格 + 运杂费) \times [1 + 运输损耗率(\%)]\} \times [1 + 采购保管费率(\%)] \tag{1-3}$$

$$检验试验费 = \sum(单位材料量检验试验费 \times 材料消耗量) \tag{1-4}$$

（3）施工机械使用费。是指施工机械作业所发生的机械使用费、机械安拆费和场外运费。施工机械台班单价应由下列七项费用组成：

1）折旧费。是指施工机械在规定的使用年限内，陆续收回的原价值及购置资金的时间价值。

2）大修理费。是指施工机械按规定的大修理间隔台班进行必要的大修理，以恢复正常功能所需的费用。

3）经常修理费。是指施工机械除大修理以外的各级保养和临时故障排除所需的费用。包括为保障机械正常运转所需替换设备与随机配备工具附件的摊销和维护费用，机械运转中日常保养所需润滑与擦拭的材料费用及机械停滞期间的维护和保养费用等。

4）安拆费及场外运费。是指安拆费是指施工机械在现场进行安装与拆卸所需的人工、材料、机械和试运转费用以及机械辅助设施的折旧、搭设、拆除等费用。场外运费是指施工机械整体或分体自停放地点运至施工现场或由一个施工地点运至另一个施工地点的运输、装卸、辅助材料及架线等费用。

5）人工费。是指机械上的驾驶员和其他操作人员的工作日人工费及上述人员在施工机械规定的半年工作台班以外的人工费。

6）燃料动力费。是指施工机械在运转作业中所消耗的固体燃料（煤、木柴）、液体燃料（汽油、柴油）及水、电等。

7）养路费及车船使用税。是指施工机械按照国家规定和有关部门规定应缴纳的养路费、车船使用税、保险费及年检费等。

**2. 措施费**

措施费是指为完成工程项目施工而发生于工程施工前和施工过程中的非工程实体项目的费用。主要包括以下内容：

（1）环境保护费。是指施工现场为达到环保部门要求所需的各项费用。

（2）文明施工费。是指施工现场文明施工所需的各项费用。

（3）安全施工费。是指施工现场安全施工所需的各项费用。

（4）临时设施费。是指施工企业为进行建筑工程施工所必须搭设的生活和生产用的临时建筑物、构筑物和其他临时设施费用等。

临时设施主要包括临时宿舍、文化福利及公用事业房屋与构筑物、仓库、办公室、加工厂以及规定范围内的道路、水、电、管线等临时设施和小型临时设施。

临时设施费用包括临时设施的搭设、维修、拆除或摊销费用。

（5）夜间施工费。是指因夜间施工所发生的夜班补助费、夜间施工降噪、夜间施工照明设备摊销及照明用电等费用。

（6）二次搬运费。是指因施工场地狭小等特殊情况而发生的二次搬运费用。

（7）大型机械设备进出场及安拆费。是指机械整体或分体自停放场地运至施工现场或由一个施工地点运至另一个施工地点所发生的机械进出场运输和转移费用，以及机械在施工现场进行安装、拆卸所需的人工费、材料费、机械费、试运转费和安装所需的辅助设施的费用。

（8）混凝土、钢筋混凝土模板及支架费。是指混凝土施工过程中需要的各种钢模板、木模板、支架等的支、拆、运输的费用及模板、支架的摊销（或租赁）费用。

（9）脚手架费。是指施工所需的各种脚手架的搭、拆、运输费用及脚手架的摊销（或租赁）费用。

（10）已完工程及设备保护费。是指竣工验收前，对已完工程及设备进行保护所需的费用。

（11）施工排水、降水费。是指为确保工程在正常条件下施工所采取的各种排水、降水措施而发生的费用。

**3. 间接费**

间接费由规费和企业管理费组成。其中规费是指政府和有关权力部门规定必须缴纳的费用。主要包括以下内容：

（1）工程排污费。是指施工现场按规定缴纳的工程排污费。

（2）工程定额测定费。是指按规定支付工程造价（定额）管理部门的定额测定费。

（3）社会保障费。

1）养老保险费。是指企业按照国家规定标准为职工缴纳的基本养老保险费。

2）失业保险费。是指企业按照国家规定标准为职工缴纳的失业保险费。

3）医疗保险费。是指企业按照国家规定标准为职工缴纳的基本医疗保险费。

（4）住房公积金。是指企业按照国家规定标准为职工缴纳的住房公积金。

（5）危险作业意外伤害保险。是指按照《中华人民共和国建筑法》规定，企业为从事危险作业的建筑安装人员支付的意外伤害保险费。

**4. 企业管理费**

企业管理费是指建筑安装企业组织施工生产和经营管理所需的费用。内容主要包括：

（1）管理人员工资。是指管理人员的基本工资、工资性补贴、职工福利费和劳动保护费等。

（2）办公费。是指企业管理办公用的文具、纸张、账表、印刷、邮电、书报、会议、水电、烧水和集体取暖（包括现场临时宿舍取暖）用煤等费用。

（3）差旅交通费。是指职工因公出差、调动工作的差旅费、住勤补助费、市内交通费和午餐补助费，职工探亲路费，劳动力招募费，职工离退休、退职一次性路费，工伤人员就医路费，工地转移费以及管理部门使用交通工具的油料费、养路费及牌照费。

（4）固定资产使用费。是指管理和试验部门及附属生产单位使用的属于固定资产的房屋、设备仪器等的折旧、大修、维修或租赁费。

（5）工具用具使用费。是指管理使用的不属于固定资产的生产工具、器具、家具、交通工具和检验、试验、测绘、消防用具等的购置、维修和摊销费。

**5. 利润**

利润是指施工企业完成所承包工程获得的盈利。

根据2001年原建设部第107号部令《建筑工程施工发包与承包计价管理办法》的规定，发包与承包价的计算方法分为工料单价法和综合单价法两种，计价程序为：

（1）工料单价法计价程序。工料单价法是以分部分项工程量乘以单价后的合计费用作为直接工程费，直接工程费以人工、材料、机械的消耗量及其相应价格来确定的。直接工程费汇总后另加间接费、利润、税金生成工程发包和承包价，其计算程序分为三种：

1）以直接费为计算基数。

2）以人工费和机械费为计算基数。

3）以人工费为计算基数。

（2）综合单价法计价程序。综合单价法是分部分项工程单价为全费用单价，全费用单价经综合计算后生成，其内容包括直接工程费、间接费、利润和税金（措施费也可按此方法生成全费用价格）。

各分项工程量乘以综合单价的合价汇总后生成工程发承包价。

由于各分部分项工程中的人工、材料、机械含量的比例不同，各分项工程可根据其材料费占人工费、材料费、机械费合计的比例（简写为$C$）在以下三种计算程序中选择一种来计算其综合单价：

1）当$C>C_0$时（$C_0$为本地区原定额测算所选典型工程材料费占人工费、材料费和机械费合计的比例），可采用以人工费、材料费、机械费合计为基数来计算该分项的间接费和利润。

2）当$C<C_0$时，可采用以人工费和机械费合计为基数来计算该分项的间接费和利润。

3）如该分项的直接费仅为人工费而无材料费和机械费时，可采用以人工费为基数来计算该分项的间接费和利润。

**6. 税金**

税金是指国家税法规定的应计入建筑安装工程造价内的营业税、城市维护建设税及教育费附加等。

（1）营业税。营业税的税额为营业额的3%。根据1994年1月1日起执行的《中华人民共和国营业税暂行条例》规定，营业额是指纳税人从事建筑、安装、修缮、装饰及其他工程作业收取的全部收入，还包括建筑、修缮、装饰工程所用原材料及其他物质和动力的价款在内，当安装设备的价值作为安装工程产值时，也包括所安装设备的价款。但建筑业的总承包人将工程分包或转包给他人的，以工程的全部承包额减去付给分包人或转包人的价款后的余额作为营业额。

（2）城市维护建设税。纳税人所在地为市区的，按营业税的7%征收；纳税人所在地为县城（镇）的，按营业税的5%征收；纳税人所在地不为市区、县城（镇）的，按营业税的1%征收，并与营业税同时交纳。

（3）教育费附加。一律按营业税的3%征收，也与营业税同时交纳。即使办有职工子弟学校的建筑安装企业，也应当先交纳教育费附加，教育部门可根据企业的办学情况，酌情返还给办学单位，作为对办学经费的补贴。

根据上述规定，现行应缴纳的税金计算公式如下

$$税金 = (税前造价 + 利润) \times 利率 \tag{1-5}$$

税率的计算方法如下：

1）纳税地点在市区的企业

$$税率(\%) = \frac{1}{1 - 3\% - (3\% \times 7\%) - (3\% \times 3\%)} - 1 \tag{1-6}$$

2）纳税地点在县城（镇）的企业

$$税率(\%) = \frac{1}{1 - 3\% - (3\% \times 5\%) - (3\% \times 3\%)} - 1 \tag{1-7}$$

3）纳税地点不在市区、县城（镇）的企业

$$税率(\%) = \frac{1}{1 - 3\% - (3\% \times 1\%) - (3\% \times 3\%)} - 1 \tag{1-8}$$

## 三、有关建设工程招标投标的基本流程

**1. 工程招标**（包括招标代理）

下面以招标代理公司代理业主招标的形式来介绍一个完整的招标流程。

流程简述如下：洽谈业务，签证代理合同（合同登记存档）；办理招标备案（市建设委员会工程科）；取招标编号（市建设委员会招标办和政府采购办公室）；发布招标公告（报市建设委员会招标办公室和交易中心）；编制招标文件（报市建设委员会招标办公室和政府采购办公室）；报名和资格预审（地点在交易大厅，资料报市建设委员会招标办公室和政府采购办公室）；出售招标文件（报市建设委员会招标办公室、政府采购办公室）；召开标前预备会（招标文件答疑、图样会审、现场踏勘）；组织开标会议；组织评标会议；中标结果公示（市建设委员会招标办公室、政府采购办公室和交易中心）；发出中标通知书（市建设委员会招标办公室、政府采购办公室、业主及中标单位）；签订廉政合同（甲乙双方签订，报甲乙双方监察机关、市建设委员会招标办公室和政府采购办公室）；拟写工程招标情况综合报告，整理招标全部资料装订成册（报市建设委员会招标办公室、政府采购办公室和委托方）。

**2. 工程投标**

以下以施工单位委托造价咨询公司编制投标文件为例说明其流程（图1-1）。如施工单位自编投标

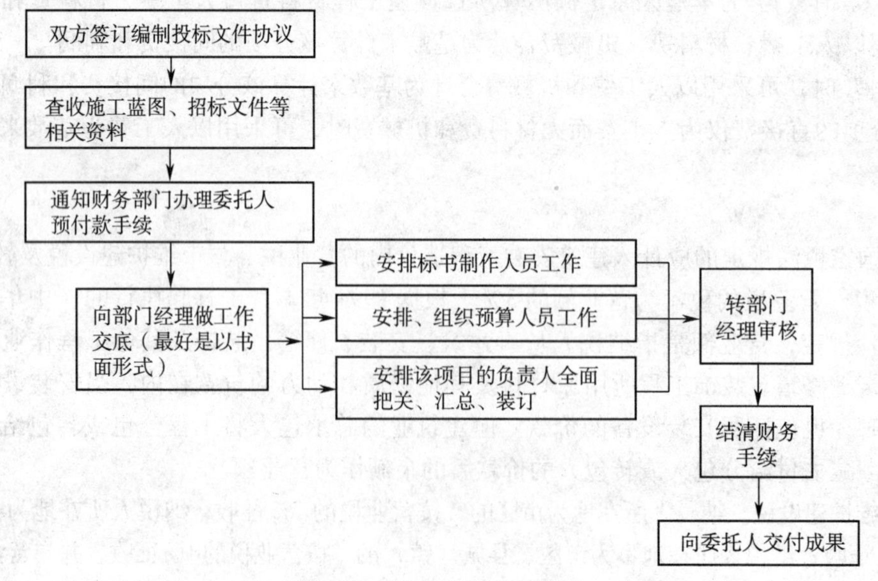


图1-1 某地工程投标流程图

文件，则省去前期委托过程。

**3. 招标投标工作中基本的法律法规依据**

（1）《中华人民共和国招标投标法》。

（2）《中华人民共和国建筑法》。

（3）《中华人民共和国合同法》。

（4）《工程建设项目施工招标投标办法》。

（5）建设部颁布的《房屋建筑和市政基础设施工程施工招标投标管理办法》。

（6）其他相关法律法规、管理办法。

**4. 招投标工作中一般需要的表格、数据及资料**

（1）招标。招标文件应当包括下列内容：

1）投标须知及投标须知前附表。包括工程概况，招标范围、资格审查条件，工程资金来源或落实情况，标段划分，工期要求，质量标准，现场勘踏和答疑的时间安排，投标文件编制、提交、修改、撤回的要求、投标报价的要求，投标有效期，开标的时间和地点，评标的方法和标准等。

2）主要合同条款。

3）合同文件格式。

4）工程验收规范。

5）施工图样。

6）采用工程量清单招标的，应当提供工程量清单，编制预算标底。

7）投标格式函。

8）投标文件商务标部分格式。

9）投标文件技术标部分格式。

（2）投标。投标文件应当包括下列内容：

1）投标函部分：

① 法定代表人（或负责人）的身份证明书。

② 授权委托书。

③ 投标函，即投标人对招标文件的具体响应，主要内容有：投标报价、质量保证、工期保证、安全文明施工保证、履约担保保证、投标担保、对招标人的其他承诺。

④ 投标函附录，即投标人以表格形式汇总对投标函中的有关内容作出的承诺。

⑤ 投标保证金银行保函。

⑥ 招标文件要求投标人提交的其他投标资料（如电子文档：U 盘、光盘、Excel 文件、Word 文件等形式）。

2）商务标部分：

① 招标文件中有关报价的规定：报价格式、报价定额（执行定额的标准或清单报价）。

② 市场价格信息（执行何时、何地的价格信息）。

③ 商务标编制说明。

④ 其他资料（投标人营业执照、企业资质、项目经理资质、主要业绩等）。

3）技术标部分：

① 施工组织设计，包括综合说明或工程概况；施工现场平面布置和临时设施布置；完整、详细的施工方法；计划开、竣工日期，施工进度计划网络图；施工机械设备的使用计划；施工现场平面图；冬、雨期施工措施和防护措施；地下管线、地上建筑物、古建筑的保护措施；质量保证措施、安全施工的组织措施；保证安全施工、文明施工、环境保护、降低噪声的防护措施；施工总平面图。

② 项目班子配备情况。

## 第二节 工程量清单计价的基本知识及工程量清单编制要领

### 一、工程量清单基础知识

工程量清单是表现拟建工程的分部分项工程项目、措施项目、其他项目名称和相应数量的明细清单，包括分部分项工程量清单、措施项目清单和其他项目清单。工程量清单计价是指投标人完成由招标人提供的工程量清单所需的全部费用，包括分部分项工程费、措施项目费、其他项目费和规费、税金。工程量清单计价方法是在建设工程招标投标中，招标人或委托具有资质的中介机构编制反映工程实体消耗和措施性消耗的工程量清单，并作为招标文件的一部分提供给投标人，由投标人依据工程量清单自主报价的计价方式。在工程招标投标中采用工程量清单计价是国际上较为通行的做法。

工程量清单计价办法的主旨就是在全国范围内，统一项目编码、统一项目名称、统一计量单位和统一工程量计算规则。

### 二、《建设工程工程量清单计价规范》（GB 50500—2008）简介

**1. 主要构成**

《建设工程工程量清单计价规范》（GB 50500—2008）主要由两部分构成：第一部分由总则、术语、工程量清单编制、工程量清单计价和工程量清单计价表格组成；第二部分为附录，包括建筑工程、装饰装修工程、安装工程、市政工程、园林绿化工程和矿山工程，共六个附录组成。附录以表格的形式列出每个清单项目的项目编码、项目名称、项目特征、工作内容、计量单位和工程量计算规则。

（1）一般提示。工程量清单计价方法，是建设工程在招标投标中，招标人委托具有资质的中介机构编制反映工程实体消耗和措施消耗的工程量清单，并作为招标文件的一部分提供给投标人，由投标人依据工程量清单自主报价的计价方式。

工程量清单：是表现拟建工程的分部分项工程项目、措施项目、项目名称和相应数量的明细清单。由招标人按照“计价规范”附录中统一的项目编码、项目名称、计量单位和工程量计算规则进行编制。包括分部分项工程量清单、措施项目清单和其他项目清单。

工程量清单计价：是指投标人完成由招标人提供的工程量清单所需的全部费用，包括分部分项工程费、措施项目费、其他项目费和规费、税金。

工程量清单计价采用综合单价计价。综合单价是指完成规定计量项目所需的人工费、材料费、机械使用费、管理费和利润，并考虑风险因素。

（2）“计价规范”的各章内容。“计价规范”包括正文和附录两大部分，两者具有同等效力。正文共五章，包括总则、术语、工程量清单编制、工程量清单计价、工程量清单计价表格。分别就“计价规范”的适应范围、遵循原则、编制工程量清单应遵循原则、工程量清单计价活动的规则、工程量清单及其计价格式作了明确规定。

附录包括：附录A：建筑工程工程量清单项目及计算规则；附录B：装饰装修工程工程量清单项目及计算规则；附录C：安装工程工程量清单项目及计算规则；附录D：市政工程工程量清单项目及计算规则；附录E：园林绿化工程工程量清单项目及计算规则；附录F：矿山工程工程量清单项目及计算规则。附录中包括项目编码、项目名称、项目特征、计量单位、工程量计算规则和工程内容，其中项目编码、项目名称、计量单位、工程量计算规则作为四个统一的内容，要求招标人在编制工程量清单时必须执行。

（3）工程量清单计价模式下的费用构成的具体内容见表1-1。

表 1-1　工程量清单计价模式下的费用构成的具体内容

| 序号 | 项　目 | 内　容 |
| --- | --- | --- |
| 1 | 分部分项工程费 | 分部分项工程费是指完成在工程量清单列出的各分部分项清单工程量所需的费用。包括：人工费、材料费（消耗的材料费总和）、机械使用费、管理费、利润以及风险费 |
| 2 | 措施项目费 | 措施项目费是由“措施项目一览表”确定的工程措施项目金额的总和。包括：人工费、材料费、机械使用费、管理费、利润以及风险费 |
| 3 | 其他项目费 | 其他项目费是指暂定金额、暂估价、计日工、总承包服务费的估算金额等的总和 |
| 4 | 规费 | 规费是指政府和有关部门规定必须缴纳的费用的总和 |
| 5 | 税金 | 税金是指国家税法规定的应计入建筑安装工程造价内的营业税、城市维护建设税及教育费附加费用等的总和 |

注：1. 工程量清单计价应采用综合单价计价形式。

2. 综合单价是指完成工程量清单中一个规定的计量单位项目所需的人工费、材料费、机械使用费、管理费和利润，并考虑风险因素。

3. 综合单价计价应包括完成规定计量单位、合格产品所需的全部费用。考虑我国的现实情况，综合单价包括除规费、税金以外的全部费用，它不但适用于分部分项工程量清单，也适用于措施项目清单、其他项目清单等。这不同于现行定额工料单价计价形式，从而简化计价程序，以实现与国际接轨。

**2. 工程量清单编制依据**

工程量清单应由具有编制能力的招标人或受其委托，具有相应资质的工程造价咨询人编制。采用工程量清单方式招标，工程量清单必须作为招标文件的组成部分，其准确性和完整性由招标人负责。工程量清单是工程量清单计价的基础，应作为编制招标控制价、投标报价、计算工程量、支付工程款、调整合同价款、办理竣工结算以及工程索赔等的依据之一。工程量清单应由分部分项工程量清单、措施项目清单、其他项目清单、规费项目清单、税金项目清单组成。

编制工程量清单应依据：

（1）《建设工程工程量清单计价规范》（GB 50500—2008）。

（2）国家或省级、行业建设主管部门颁发的计价依据和办法。

（3）建设工程设计文件。

（4）与建设工程项目有关的标准、规范、技术资料。

（5）招标文件及其补充通知、答疑纪要。

（6）施工现场情况、工程特点及常规施工方案。

（7）其他相关资料。

**3. 工程量清单项目设置**

工程量清单的项目设置规则是为了统一工程量清单项目名称、项目编码、计算单位和工程量计算而制定的，是编制工程量清单的依据。在《建设工程工程量清单计价规范》（GB 50500—2008）中，对工程量清单项目的设置作了明确的规定。

（1）项目编码。以五级编码设置，用十二位阿拉伯数字表示。

各位数字的含义是：一、二位为工程分类顺序序码；三、四位为专业工程顺序码；五、六位为分部工程顺序码；七、八、九位为分项工程项目名称顺序码；十至十二位为清单项目名称顺序码。

当同一标段（或合同段）的一份工程量清单中含有多个单位工程且工程量清单是以单位工程为编制对象时，在编制工程量清单时应特别注意对项目编码十至十二位的设置不得有重码的规定。

（2）项目名称。原则上以形成工程实体命名。项目名称如有缺项，招标人可按相应的原则进行补充，并报当地工程造价管理部分备案。

（3）项目特征。是对项目的准确描述，是影响价格的因素，是设置具体清单项目的依据。项目特征按不同的工程部位、施工工艺或材料品种、规格等分别列项。凡项目特征中未描述到的其他独有特征，由清单编制人视项目具体情况确定，以准确描述清单项目为准。

(4) 计量单位。应采用基本单位，除各专业另有特殊规定外，均按以下单位计量：

1) 以重量计算的项目——吨或千克（t或kg）。

2) 以体积计算的项目——立方米（$m^3$）。

3) 以面积计算的项目——平方米（$m^2$）。

4) 以长度计算的项目——米（m）。

5) 以自然计量单位计算的项目——个、套、块、樘、组、台……

6) 没有具体数量的项目——系统、项……

各专业有特殊计量单位的，再另外加以说明。

(5) 工程内容。工程内容是指完成该清单项目可能发生的具体工程，可供招标人确定清单项目和投标人投标报价参考。以建筑工程的砖墙为例，可能发生的具体工程有搭拆内墙脚手架、运输、砌砖、勾缝等。

编制工程量清单出现附录中未包括的项目，编制人应作补充，并报省级或行业工程造价管理机构备案，省级或行业工程造价管理机构应汇总报住房和城乡建设部标准定额研究所。

补充项目的编码由附录的顺序码与B和三位阿拉伯数字组成，并应从×B001起顺序编制，同一招标工程的项目不得重码。工程量清单中需附有补充项目的名称、项目特征、计量单位、工程量计算规则、工程内容。

**4. 工程量清单计算规则**

工程数量的计算主要通过工程量计算规则计算得到。工程量计算规则是指对清单项目工程量的计算规定。除另有说明外，所有清单项目的工程量应以实体工程量为准，并以完成后的净值计算；投标人投标报价时，应在单价中考虑施工中的各种损耗和需要增加的工程量。

工程量的计算规则按主要专业划分，包括建筑工程、装饰装修工程、安装工程、市政工程、园林绿化工程、矿山工程六个专业部分：

(1) 建筑工程。包括土石方工程，地基与桩基础工程，砌筑工程，混凝土及钢筋混凝土工程，厂库房大门、特种门、木结构工程，金属结构工程，屋面及防水工程，防腐、隔热、保温工程。

(2) 装饰装修工程。包括楼地面工程，墙柱面工程，天棚工程，门窗工程，涂装、涂料、裱糊工程，其他装饰工程。

(3) 安装工程。包括机械设备安装工程，电器设备安装工程，热力设备安装工程，炉窑砌筑工程，静置设备与工艺金属结构制作安装工程，工业管道工程，消防工程，给水排水、采暖、燃气工程，通风空调工程，自动化控制仪表安装工程，通信设备及线路工程，建筑智能化系统设备安装工程，长距离输送管道工程。

(4) 市政工程。包括土石方工程，道路工程，桥涵护岸工程，隧道工程，市政管网工程，地铁工程，钢筋工程，拆除工程，厂区、小区道路工程。

(5) 园林绿化工程。包括绿化工程，园路、道桥、假山工程，园林景观工程。

(6) 矿山工程。包括露天工程、井巷工程。

**5. 工程量清单格式**

工程量清单应采用统一格式，一般应由以下内容组成：

(1) 封面：

1) 工程量清单。

2) 招标控制价。

3) 投标总价。

4) 竣工结算总价。

(2) 总说明应按以下说明填写：

1）工程概况：建设规模、工程特征、计划工期、施工现场实际情况、交通运输情况、自然地理条件、环境保护要求等。

2）工程招标和分包范围。

3）工程量清单编制依据。

4）工程质量、材料、施工等特殊要求。

5）招标人自行采购材料的名称、规格型号、数量等。

6）其他项目清单中招标人部分的金额数量（包括预留金、材料购置费等）。

7）其他需说明的问题。

（3）汇总表：

1）工程项目招标控制价/投标报价汇总表。

2）单项工程招标控制价/投标报价汇总表。

3）单位工程招标控制价/投标报价汇总表。

4）工程项目竣工结算汇总表。

5）单项工程竣工结算汇总表。

6）单位工程竣工结算汇总表。

（4）分部分项工程量清单表。

1）分部分项工程量清单与计价表。

2）工程量清单综合单价分析表。

3）分部分项工程量清单应包括项目编码、项目名称、计量单位和工程数量。

4）分部分项工程量清单应根据规定的统一项目编码、项目名称、计量单位和工程量计算规则进行编制。

5）分部分项工程量清单的项目编码，一至九位应按《建设工程工程量清单计价规范》（GB 50500—2008）中附录A、附录B、附录C、附录D、附录E、附录F的规定设置；十至十二位应根据拟建工程工程量清单项目名称由其编制人设置，并应自001起顺序编制。

6）分部分项工程量清单的项目名称应按下列规定确定：

① 项目名称应按《建设工程工程量清单计价规定》（GB 50500—2008）中附录A、附录B 、附录C、附录D、附录E、附录F的项目名称与项目特征并结合拟建工程的实际来确定。

② 编制工程量清单，若出现《建设工程工程量清单计价规范》（GB 50500—2008）中附录A、附录B、附录C、附录D、附录E、附录F中未包括的项目，编制人可作相应补充，并应报省、自治区、直辖市工程造价管理机构备案。

7）分部分项工程量清单的计量单位应按《建设工程工程量清单计价规范》（GB 50500—2008）中附录A、附录B、附录C、附录D、附录E、附录F中规定的计量单位确定。

8）工程数量应按下列规定进行计算：

① 工程数量应按《建设工程工程量清单计价规范》（GB 50500—2008）中附录A、附录B、附录C、附录D、附录E、附录F中规定的工程量计算规则计算。

② 工程数量的有效位数符合下列规定：

以“吨”为单位，应保留小数点后三位数字，第四位四舍五入。

以“立方米”、“平方米”、“米”为单位，应保留小数点后两位数字，第三位四舍五入。

以“个”、“项”等为单位，应取整数。

（5）措施项目清单表：

1）措施项目清单与计价表（一）。

2）措施项目清单与计价表（二）。

（6）其他项目清单表：

1）其他项目清单与计价汇总表。
2）暂列金额明细表。
3）材料暂估单价表。
4）专业工程暂估价表。
5）计日工表。
6）总承包服务费计价表。
7）索赔与现场签证计价汇总表。
8）费用索赔申请（核准）表。
9）现场签证表。
（7）规费、税金项目清单与计价表。
（8）工程款支付申请（核准）表。

## 第三节 某小区园林绿化工程工程量清单实例

**某小区园林绿化工程**
**工程量清单**

| | | | |
|---|---|---|---|
| 招　标　人： | ____________（单位盖章） | 工程造价咨询人①： | ____________（单位资质专用章） |
| 法定代表人或其授权人： | ____________（签字或盖章） | 法定代表人或其授权人： | ____________（签字或盖章） |
| 编　制　人②： | ____________（造价人员签字盖专用章） | 复　核　人： | ____________（造价工程师签字盖专用章） |
| 编制时间： | 年　月　日 | 复核时间： | 年　月　日 |

① 咨询人

基本点：当发包人委托工程咨询人编制工程量清单时，工程造价咨询人需加盖单位资质专用章，法定代表人或其授权人签字或盖章；如为发包人自行编制工程量清单时，则可不填写。

深化：如今工程造价咨询行业已经逐渐成熟，在工程招标投标及之后的工程实际中都扮演着重要的角色，其在工程中的责任也越来越重。当发包人委托工程造价咨询人编制工程量清单组织招标时，咨询人对其编制的工程量清单负有很重要的责任，如果因其原因造成的工程量清单漏项、错项及项目特征描述不全、错误及工程量有较大的出入等问题，将根据发包人与咨询人之间的合同及相关法律法规和行业规范承担责任。

② 编制人

基本点：当编制人为造价员时，由其在编制人栏签字盖专用章，并应由注册造价工程师复核，并在复核人栏签字盖执业专用章。

## 总　说　明[①]

工程名称：某小区园林绿化工程　　　　第1页　共1页

1. 工程概况：本工程为小区园林绿化工程，计划工期为90日历天。

2. 工程招标范围：施工图范围内的园林绿化工程。

3. 工程量清单编制依据：

（1）某小区园林绿化施工图；

（2）《建设工程工程量清单计价规范》（GB 50500—2008）。

4. 其他需要说明的问题：

（1）混凝土道牙，混凝土砌块砖，预拌混凝土均按本清单提供的暂估价进行报价。

（2）喷灌系统工程另进行专业分包。总承包人应对分包工程进行总承包管理和协调，并按该专业工程的要求配合专业厂家进行安装。

① 总说明（工程量清单）

基本点：工程量清单总说明的内容应包括：工程概况，工程发包分包范围，工程量清单编制依据，使用材料设备、施工的特殊要求等，其他需要说明的问题。其中，关于暂估价和专业分包工程等对工程报价有直接影响的部分的说明应列明，在编制招标控制价和投标报价乃至以后进行竣工结算的编制时，都需以此为依据。

深化：由于措施项目清单中，规范规定的许多费用是以“项”为单位的，如果总说明中无具体说明，投标人很难准确测算相关费用并报价；而《建设工程工程量清单计价规范》（GB 50500—2008）是为了与国际建设工程招标投标市场接轨，施工图已经不再随招标文件发放给投标人，那么在没有准确描述，在无施工图样的情况下，投标人对如脚手架搭设、垂直运输机械等措施项目的报价时，只能根据此总说明中的结构形式，建筑面积、总高、层数等技术参数，而不能只是简单地描述建筑面积。

## 分部分项工程量清单与计价表[①]

工程名称：某小区园林绿化工程　　　　标段：　　　　第1页　共5页

| 序号 | 项目编码 | 项目名称[②] | 项目特征描述 | 计量单位 | 工程量 | 金额/元 | | |
|---|---|---|---|---|---|---|---|---|
| | | | | | | 综合单价 | 合价 | 其中：暂估价 |
| | A | 建筑工程[③] | | | | | | |
| 1 | 010101001002 | 平整场地 | 中心广场平整场地 | $m^2$ | 577.4 | | | |
| 2 | 010101003002 | 挖基础土方 | 1. 土方开挖<br>2. 基底钎探 | $m^3$ | 121.01 | | | |
| 3 | 010302001001 | 实心砖墙 | 3/4砖实心砖外墙 | $m^3$ | 68.52 | | | |
| 4 | 010402001001 | 现浇混凝土矩形柱 | 1. 200mm×200mm矩形柱<br>2. 混凝土级别：C20 | $m^3$ | 12.75 | | | |
| 5 | 010402001002 | 矩形柱 | 1. 混凝土强度等级：C20 | $m^3$ | 2.6 | | | |
| 6 | 010403001001 | 基础梁 | 1. 基础梁<br>2. 混凝土级别：C20 | $m^3$ | 4.5 | | | |
| 7 | 010416001001 | 现浇混凝土钢筋 | 1. 钢筋（网、笼）制作、运输<br>2. 钢筋（网、笼）安装<br>3. 部位：独立基础 | t | 0.6 | | | |
| | | 分部小计 | | | | | | |
| | B | 装饰装修工程 | | | | | | |
| 8 | 020102001001 | 石材楼地面 | 300mm×300mm锈板文化石地面 | $m^2$ | 181 | | | |
| 9 | 020102001002 | 石材楼地面 | 平台面灰色花岗岩地面 | $m^2$ | 176.27 | | | |
| 10 | 020102001003 | 石材楼地面 | 凹缝密拼100mm×115mm×400mm，光面连州青花岩石板 | $m^2$ | 97.92 | | | |
| 11 | 020102001004 | 石材楼地面 | 平台面灰色花岗石石板 | $m^2$ | 31.74 | | | |
| 12 | 020102001005 | 石材楼地面 | 50mm厚粗面花岗石 | $m^2$ | 89.24 | | | |
| 13 | 020205003001 | 块料柱面 | 45mm×195mm米黄色仿石砖块料柱面 | $m^2$ | 52 | | | |
| 14 | 020301001001 | 顶棚抹灰 | 顶棚抹灰：混合砂浆两遍 | $m^2$ | 130.47 | | | |
| | | 分部小计 | | | | | | |
| | E | 园林绿化工程 | | | | | | |
| 15 | 050101006001 | 整理绿化用地 | 1. 土壤类别：一、二类土<br>2. 取土运距：6km<br>3. 回填厚度：10cm | $m^2$ | 1500 | | | |
| 16 | 050102001001 | 栽植千头椿 | 1. 乔木种类：千头椿<br>2. 乔木胸径：7~8cm<br>3. 养护期：3个月 | 株 | 73 | | | |
| 17 | 050102001002 | 栽植合欢 | 1. 乔木种类：合欢<br>2. 乔木胸径：7~8cm<br>3. 养护期：3个月 | 株 | 31 | | | |
| 18 | 050102001003 | 栽植栾树 | 1. 乔木种类：栾树<br>2. 乔木胸径：7~8cm | 株 | 44 | | | |
| | 本页小计 | | | | | | | |

① 清单计价表

基本点：在《建设工程工程量清单计价规范》（GB 50500—2008）中，分部分项工程量清单与计价表统一，无论是作为编制招标清单、招标控制价、投标报价还是竣工结算，均使用此表。

② 项目名称

基本点：在《建设工程工程量清单计价规范》（GB 50500—2008）中，强制规定项目名称与项目特征必须分别描述，并要求项目特征描述应做到准确和全面。

③ 分部名称

基本点：分部划分可根据实际情况，以《建设工程工程量清单计价规范》（GB 50500—2008）所列分部项目或依据具体工程类别、部位等方式进行编制划分。

## 分部分项工程量清单与计价表

工程名称：某小区园林绿化工程　　标段：　　第2页　共5页

| 序号 | 项目编码 | 项目名称 | 项目特征描述[①] | 计量单位 | 工程量 | 金额/元 | | |
|---|---|---|---|---|---|---|---|---|
| | | | | | | 综合单价 | 合价 | 其中：暂估价[③] |
| | | | 3. 养护期：3个月 | | | | | |
| 19 | 050102001004 | 栽植西府海棠[②] | 1. 乔木种类：西府海棠<br>2. 乔木胸径：7~8cm<br>3. 养护期：3个月 | 株 | 5 | | | |
| 20 | 050102001005 | 栽植毛白杨 | 1. 乔木种类：毛白杨<br>2. 乔木胸径：8~10cm<br>3. 养护期：3个月 | 株 | 112 | | | |
| 21 | 050102001006 | 栽植二球悬铃木 | 1. 乔木种类：二球悬铃木<br>2. 乔木胸径：7~8cm<br>3. 养护期：3个月 | 株 | 17 | | | |
| 22 | 050102001007 | 栽植紫叶李 | 1. 乔木种类：紫叶李<br>2. 乔木胸径：5~6cm<br>3. 养护期：3个月 | 株 | 48 | | | |
| 23 | 050102001008 | 栽植槐树 | 1. 乔木种类：槐树<br>2. 乔木胸径：8~10cm<br>3. 养护期：3个月 | 株 | 108 | | | |
| 24 | 050102001009 | 栽植垂柳 | 1. 乔木种类：垂柳<br>2. 乔木胸径：8~10cm<br>3. 养护期：3个月 | 株 | 12 | | | |
| 25 | 050102001010 | 栽植旱柳 | 1. 乔木种类：旱柳<br>2. 乔木胸径：8~10cm<br>3. 养护期：3个月 | 株 | 163 | | | |
| 26 | 050102001011 | 栽植馒头柳 | 1. 乔木种类：馒头柳<br>2. 乔木胸径：8~10cm<br>3. 养护期：3个月 | 株 | 37 | | | |
| 27 | 050102001012 | 栽植油松 | 1. 乔木种类：油松<br>2. 乔木高：2.5~3.0m<br>3. 养护期：3个月 | 株 | 29 | | | |
| 28 | 050102001013 | 栽植云杉 | 1. 乔木种类：云杉<br>2. 乔木高：2.5~3.0m<br>3. 养护期：3个月 | 株 | 28 | | | |
| 29 | 050102001014 | 栽植河南桧 | 1. 乔木种类：河南桧<br>2. 乔木高：2.0~2.5m<br>3. 养护期：3个月 | 株 | 59 | | | |
| 30 | 050102002001 | 栽植早园竹 | 1. 竹种类：早园竹<br>2. 竹高：200~250cm | 株 | 5940 | | | |
| 31 | 050102004001 | 栽植紫珠 | 1. 灌木种类：紫珠<br>2. 冠丛高：1.2~1.5m<br>3. 养护期：3个月 | 株 | 36 | | | |
| 32 | 050102004002 | 栽植平枝栒子 | 1. 灌木种类：平枝栒子<br>2. 冠丛高：1.0~1.2m<br>3. 养护期：3个月 | 株 | 31 | | | |
| 33 | 050102004003 | 栽植海州常山 | 1. 灌木种类：海州常山<br>2. 冠丛高：1.2~1.5m | 株 | 25 | | | |
| 本页小计 | | | | | | | | |

① 项目特征

基本点：清单项目特征，应参照《建设工程工程量清单计价规范》（GB 50500—2008）中规定的项目特征并结合拟建工程项目的实际予以描述。

② 名称描述

基本点：在对项目名称进行描述时，应按《建设工程工程量清单计价规范》（GB 50500—2008）附录的项目名称并结合拟建工程项目的实际确定。

③ 暂估价

基本点：新增"暂估价"列，使暂估价部分组成更直观具体。

## 分部分项工程量清单与计价表

工程名称：某小区园林绿化工程　　　　标段：　　　　第3页　共5页

| 序号 | 项目编码 | 项目名称 | 项目特征描述 | 计量单位 | 工程量 | 金额/元 | | |
|---|---|---|---|---|---|---|---|---|
| | | | | | | 综合单价 | 合价 | 其中：暂估价 |
| | | | 3. 养护期：3个月 | | | | | |
| 34 | 050102004004 | 栽植“主教”红端木 | 1. 灌木种类：“主教”红端木<br>2. 冠丛高：1.0~1.2m<br>3. 养护期：3个月 | 株 | 39 | | | |
| 35 | 050102004005 | 栽植黄栌 | 1. 灌木种类：黄栌<br>2. 冠丛高：1.8~2.0m<br>3. 养护期：3个月 | 株 | 44 | | | |
| 36 | 050102004006 | 栽植连翘 | 1. 灌木种类：连翘<br>2. 冠丛高：1.2~1.5m<br>3. 养护期：3个月 | 株 | 73 | | | |
| 37 | 050102004007 | 栽植木槿 | 1. 灌木种类：木槿<br>2. 冠丛高：1.5~1.8m<br>3. 养护期：3个月 | 株 | 51 | | | |
| 38 | 050102004008 | 栽植重瓣棣棠花 | 1. 灌木种类：重瓣棣棠花<br>2. 冠丛高：0.8~1.0m<br>3. 养护期：3个月 | 株 | 1090 | | | |
| 39 | 050102004009 | 栽植棣棠花 | 1. 灌木种类：棣棠花<br>2. 冠丛高：1.2~1.5m<br>3. 养护期：3个月 | 株 | 570 | | | |
| 40 | 050102004010 | 栽植紫薇 | 1. 灌木种类：紫薇<br>2. 冠丛高：1.5~1.8m<br>3. 养护期：3个月 | 株 | 56 | | | |
| 41 | 050102004011 | 栽植金银木 | 1. 灌木种类：金银木<br>2. 冠丛高：1.2~1.5m<br>3. 养护期：3个月 | 株 | 58 | | | |
| 42 | 050102004012 | 栽植黄刺玫 | 1. 灌木种类：黄刺玫<br>2. 冠丛高：1.2~1.5m<br>3. 养护期：3个月 | 株 | 78 | | | |
| 43 | 050102004013 | 栽植华北珍珠梅 | 1. 灌木种类：华北珍珠梅<br>2. 冠丛高：1.2~1.5m<br>3. 养护期：3个月 | 株 | 57 | | | |
| 44 | 050102004014 | 栽植华北紫丁香 | 1. 灌木种类：华北紫丁香<br>2. 冠丛高：1.2~1.8m<br>3. 养护期：3个月 | 株 | 108 | | | |
| 45 | 050102004015 | 栽植珍珠绣线菊 | 1. 灌木种类：珍珠绣线菊<br>2. 冠丛高：1.0~1.2m<br>3. 养护期：3个月 | 株 | 64 | | | |
| 46 | 050102004016 | 栽植鸡树条荚蒾 | 1. 灌木种类：鸡树条荚蒾<br>2. 冠丛高：1.0~1.2m<br>3. 养护期：3个月 | 株 | 51 | | | |
| 本页小计 | | | | | | | | |

## 分部分项工程量清单与计价表

工程名称：某小区园林绿化工程　　　　　标段：　　　　　第4页　共5页

| 序号 | 项目编码 | 项目名称 | 项目特征描述 | 计量单位 | 工程量 | 金额/元 | | |
|---|---|---|---|---|---|---|---|---|
| | | | | | | 综合单价 | 合价 | 其中：暂估价 |
| 47 | 050102004017 | 栽植红王子锦带 | 1. 灌木种类：红王子锦带<br>2. 冠丛高：1.0~1.2m<br>3. 养护期：3个月 | 株 | 48 | | | |
| 48 | 050102004018 | 栽植大叶黄杨球 | 1. 灌木种类：大叶黄杨球<br>2. 直径：0.6~0.8m<br>3. 养护期：3个月 | 株 | 18 | | | |
| 49 | 050102004019 | 栽植金叶女贞球 | 1. 灌木种类：金叶女贞球<br>2. 直径：0.6~0.8m<br>3. 养护期：3个月 | 株 | 11 | | | |
| 50 | 050102005001 | 栽植五叶地锦 | 1. 苗木种类：五叶地锦<br>2. 生长年限：3年<br>3. 养护期：3个月 | m | 243 | | | |
| 51 | 050102006001 | 栽植迎春花 | 1. 植物种类：迎春花<br>2. 生长年限：3年<br>3. 养护期：3个月 | 株 | 2530 | | | |
| 52 | 050102007001 | 栽植铺地柏 | 1. 苗木种类：铺地柏<br>2. 苗木株高：0.5~0.8m<br>3. 养护期：3个月 | $m^2$ | 250 | | | |
| 53 | 050102007002 | 栽植大叶黄杨 | 1. 苗木种类：大叶黄杨<br>2. 苗木株高：0.5~0.8m<br>3. 养护期：3个月 | $m^2$ | 1160 | | | |
| 54 | 050102008001 | 栽植紫叶小檗 | 1. 花卉种类：紫叶小檗<br>2. 株高：0.5~0.8m<br>3. 养护期：3个月 | 株 | 2592 | | | |
| 55 | 050102008002 | 栽植玉簪 | 1. 花卉种类：玉簪<br>2. 生长年限：3年<br>3. 养护期：3个月 | 株 | 1629 | | | |
| 56 | 050102008003 | 栽植大花萱草 | 1. 花卉种类：大花萱草<br>2. 生长年限：3年<br>3. 养护期：3个月 | 株 | 2080 | | | |
| 57 | 050102008004 | 栽植黄娃娃鸢尾 | 1. 花卉种类：黄娃娃鸢尾<br>2. 芽数：2~3芽<br>3. 养护期：3个月 | 株 | 1300 | | | |
| 58 | 050102008005 | 栽植丰花月季 | 1. 花卉种类：丰花月季<br>2. 生长年限：多年<br>3. 养护期：3个月 | 株 | 3288 | | | |
| 59 | 050102011001 | 喷播冷季型草 | 1. 草籽种类：冷季型草<br>2. 养护期：3个月 | $m^2$ | 27225 | | | |
| 60 | 050201001001 | 园路工程 | 1. 垫层厚度、宽度、材料种类：100mm厚混凝土垫层，150mm厚级配砂石<br>2. 路面规格、宽度、材料种类：35mm厚青石板<br>3. 砂浆强度等级：20mm厚1:3干硬性水泥砂浆<br>4. 混凝土强度等级：C15 | $m^2$ | 3251 | | | |
| 本页小计 | | | | | | | | |

## 分部分项工程量清单与计价表

工程名称：某小区园林绿化工程　　　　标段：　　　　第5页　共5页

| 序号 | 项目编码 | 项目名称 | 项目特征描述 | 计量单位 | 工程量 | 金额/元 | | |
|---|---|---|---|---|---|---|---|---|
| | | | | | | 综合单价 | 合价 | 其中：暂估价 |
| 61 | 050201001002 | 园路工程 | 1. 垫层厚度、宽度、材料种类：100mm厚混凝土垫层，150mm厚级配砂石<br>2. 路面规格、宽度、材料种类：60mm厚透水砖<br>3. 混凝土强度等级：C15 | $m^2$ | 6215 | | | |
| 62 | 050201001003 | 园路工程 | 1. 垫层厚度、宽度、材料种类：100mm厚混凝土垫层，150mm厚级配砂石<br>2. 路面规格、宽度、材料种类：60mm厚混凝土砖<br>3. 混凝土强度等级：C15 | $m^2$ | 8428 | | | |
| 63 | 050201001004 | 园路工程（停车场） | 1. 垫层厚度、宽度、材料种类：150mm厚混凝土垫层，250mm厚级配砂石<br>2. 路面规格、宽度、材料种类：60mm厚混凝土砖<br>3. 混凝土强度等级：C15 | $m^2$ | 5126 | | | |
| 64 | 050201002001 | 路牙铺设 | 1. 垫层厚度、材料种类：250mm厚级配砂石<br>2. 路牙材料种类、规格：混凝土透水砖立砌<br>3. 砂浆强度等级：1:3干硬性水泥砂浆 | m | 1 | | | |
| 65 | 050201014001 | 木栏杆扶手 | 美国南方松木栏杆扶手 | m | 167 | | | |
| 66 | 050201016001 | 木制步桥 | 美国南方松木桥面板，12mm膨胀螺栓固定 | $m^2$ | 831.6 | | | |
| 67 | 050301001001 | 原木（带树皮）柱、梁、檩、椽 | 原木200mm美国南方松木柱制作和安装 | m | 62.2 | | | |
| 68 | 050301001002 | 原木（带树皮）柱、梁、檩、椽 | 遮雨廊美国南方松木（带树皮）柱、梁、檩 | m | 94 | | | |
| 69 | 050304001001 | 木制飞来椅 | 坐凳面、靠背扶手、靠背、楣子制作和安装 | m | 16 | | | |
| 70 | 050304006001 | 石桌石凳 | 桌、凳安装和砌筑 | 个 | 18 | | | |
| | | 分部小计 | | | | | | |
| 本页小计 | | | | | | | | |
| 合　计 | | | | | | | | |

注：根据原建设部、财政部发布的《建筑安装工程费用组成》（建标［2003］206号）的规定，为记取规费等的使用，可以在表中增设其中：“直接费”、“人工费”或“人工费+机械费”。

## 措施项目清单与计价表（一）[①]

工程名称：某小区园林绿化工程　　标段：　　第1页　共1页

| 序　号 | 项目名称[②] | 计算基础 | 费率（%） | 金额/元 |
|---|---|---|---|---|
| 1 | 安全文明施工费[③] | | | |
| 2 | 夜间施工费 | | | |
| 3 | 二次搬运费 | | | |
| 4 | 冬、雨期施工 | | | |
| 5 | 大型机械设备进出场及安拆费 | | | |
| 6 | 施工排水 | | | |
| 7 | 施工降水 | | | |
| 8 | 地上、地下设施，建筑物的临时保护设施 | | | |
| 9 | 已完工程及设备保护 | | | |
| 合　计 | | | | |

注：1. 本表适用于以“项”计价的措施项目。

2. 根据原建设部、财政部发布的《建筑安装工程费用组成》（建标［2003］206号）的规定，“计算基础”可为“直接费”、“人工费”或“人工费+机械费”。

① 措施计价表1

基本点：在《建设工程工程量清单计价规范》（GB 50500—2008）中将措施项目分成两种类型进行计价，该表适用于不能计算工程量以“项”为计量单位的项目清单，项目根据工程实际情况进行增减。

② 措施项目

提示：措施项目是指在工程项目施工中，发生在工程施工各阶段过程中的技术、安全、环境保护及生活等方面的非实体性项目。

③ 安全文明施工费

基本点：在《建设工程工程量清单计价规范》（GB 50500—2008）中，强制要求将安全文明施工费单独列项，按省级、行业建设主管部门的规定计取，并作为不可竞争费用。

## 措施项目清单与计价表（二）[①]

工程名称：某小区园林绿化工程　　标段：　　第1页　共1页

| 序号 | 项目编码 | 项目名称 | 项目特征描述 | 计量单位 | 工程量 | 金额/元 | |
|---|---|---|---|---|---|---|---|
| | | | | | | 综合单价 | 合价 |
| 1 | EB0001[②] | 满堂脚手架 | 1. 脚手架搭设<br>2. 脚手架拆卸 | $m^2$ | 1080 | | |
| 2 | EB002 | 工程水电费 | 工程过程中的水电消耗 | $m^2$ | 12154 | | |
| 本页小计 | | | | | | | |
| 合　计 | | | | | | | |

注：本表适用于以综合单价形式计价的措施项目。

① 措施计价表2

基本点：在《建设工程工程量清单计价规范》（GB 50500—2008）中将措施项目分成两种类型进行计价，该表适用于采用分部分项工程量清单的方式编制的项目清单，并需列出项目编码、项目名称、项目特征、计量单位和工程量计算规则。

② 补充清单

基本点：补充清单项目的编码应按要求做出详细说明。详见补充工程量清单项目及计算规则表。

## 其他项目清单与计价汇总表①

工程名称：某小区园林绿化工程　　标段：　　第1页　共1页

| 序　号 | 项目名称 | 计量单位 | 金额/元 | 备　注 |
|---|---|---|---|---|
| 1 | 暂列金额 | 项 | 100000 | |
| 2 | 暂估价 | | 300000 | |
| 2.1 | 材料暂估价 | | — | |
| 2.2 | 专业工程暂估价 | 项 | 300000 | |
| 3 | 计日工 | | | |
| 4 | 总承包服务费 | | | |
| 合　计 | | | | — |

注：材料暂估单价进入清单项目综合单价，此处不汇总。

① 其他计价表

基本点：编制工程量清单时，应汇总“暂列金额”和“专业工程暂估价”的具体金额，在编制招标控制价及投标报价时，此部分不应调整按工程量清单给定金额计入报价；编制工程量清单时，还应列出材料暂估价格，以便编制报价时以此单价计算；最后编制工程量清单时，还应列明计日工的种类和数量，以便编制报价时以此数量进行计算。

## 暂列金额①明细表

工程名称：某小区园林绿化工程　　标段：　　第1页　共1页

| 序　号 | 名　称 | 计量单位 | 暂定金额 | 备　注 |
|---|---|---|---|---|
| 1 | 暂列金额 | 元 | 100000 | |
| 合　计 | | | | — |

注：此表由招标人填写，如不能详列，也可只列暂列金额总额，投标人应将上述暂列金额计入投标总价中。

① 暂列金额

提示：暂列金额为招标人在工程量清单编制中暂定并包含在今后签订合同的合同价款中的一笔款项。其意图是用于合同签订时尚未确定或对于一些不可预见的施工过程中所需的材料、设备及服务的采购，而且施工过程中不可避免地会发生工程变更、索赔及现场签证，还有依据合同约定对于某些因素调整变化而引起的价款的调整。

## 材料暂估单价①表

工程名称：某小区园林绿化工程　　标段：　　第1页　共1页

| 序　号 | 材料名称、规格、型号 | 计量单位 | 单价/元 | 备　注 |
|---|---|---|---|---|
| 02022 | 混凝土块道牙 | m | 31 | |
| 04079 | 混凝土砌块砖 200mm×100mm×60mm | 块 | 1 | |
| 40006 | C15 预拌混凝土 | $m^3$ | 251 | |
| 40007 | C20 预拌混凝土 | $m^3$ | 265 | |
| 40012 | C20 预拌豆石混凝土 | $m^3$ | 280 | |

注：1. 此表由招标人填写，并在备注栏说明暂估价的材料拟用在哪些清单项目上，投标人应将上述材料暂估单价计入工程量清单综合单价报价中。

2. 材料包括原材料、燃料、构（配）件以及规定应计入建筑安装工程造价的设备。

① 材料暂估价

提示：材料暂估价是招标人在工程量清单中提供的在工程中必然发生但暂不能确定价格的材料的单价。

## 专业工程暂估价[①]表

工程名称：某小区园林绿化工程　　　　标段：　　　　第1页　共1页

| 序号 | 工程名称 | 工程内容 | 金额/元 | 备注 |
| --- | --- | --- | --- | --- |
| 1 | 喷管系统工程 | | 300000 | |
| 合计 | | | | — |

注：此表由招标人填写，投标人应将上述专业工程暂估价计入投标总价中。

① 专业工程暂估价

提示：专业工程暂估价为招标人在工程量清单中提供的在工程中必然发生需另行发包的专业工程金额。

## 计日工[①]表

工程名称：某小区园林绿化工程　　　　标段：　　　　第1页　共1页

| 编号 | 项目名称 | 单位 | 暂定数量 | 综合单价 | 合价 |
| --- | --- | --- | --- | --- | --- |
| 1 | 人工 | | | | |
| 1.1 | 零工 | 工日 | 50 | | |
| 人工小计 | | | | | |
| 2 | 材料 | | | | |
| 2.1 | 透水砖 | $m^2$ | 500 | | |
| 材料小计 | | | | | |
| 3 | 机械 | | | | |
| 3.1 | 起重机械 | 台班 | 15 | | |
| 机械小计 | | | | | |
| 总计 | | | | | |

注：此表项目名称、数量由招标人填写，编制招标控制价时，单价由招标人按有关计价规定确定；投标时，单价由投标人自主报价，计入投标总价中。

① 计日工

提示：计日工为在施工的过程中完成发包人提出的施工图纸以外的零星项目或工作，按合同中的约定进行综合单价计价。

## 总承包服务费[①]计价表

工程名称：某小区园林绿化工程　　　　标段：　　　　第1页　共1页

| 序号 | 项目名称 | 项目价值/元 | 服务内容 | 费率（%） | 金额/元 |
| --- | --- | --- | --- | --- | --- |
| 1 | 喷灌系统工程 | 300000 | 对分包工程进行总承包管理和协调，并按专业工程的要求配合专业厂家进行安装 | | |
| 合计 | | | | | |

① 总承包服务费

提示：总承包服务费是总承包人为配合协调发包人进行工程分包，自行采购设备、材料等而进行的管理、服务及施工现场管理，还有竣工资料整理汇总等服务所应得的费用。

## 规费、税金项目清单与计价表[①]

工程名称：某小区园林绿化工程　　　　标段：　　　　第1页　共1页

| 序　号 | 项目名称 | 计算基础 | 费率（%） | 金额/元 |
|---|---|---|---|---|
| 1 | 规费[②] | 工程排污费＋社会保障费＋住房公积金＋危险作业意外伤害保险＋工程定额测定费 | | |
| 1.1 | 工程排污费 | | | |
| 1.2 | 社会保障费 | 养老保险费＋失业保险费＋医疗保险费 | | |
| 1.2.1 | 养老保险费 | 分部分项人工费＋技术措施项目人工费 | | |
| 1.2.2 | 失业保险费 | 分部分项人工费＋技术措施项目人工费 | | |
| 1.2.3 | 医疗保险费 | 分部分项人工费＋技术措施项目人工费 | | |
| 1.3 | 住房公积金 | 分部分项人工费＋技术措施项目人工费 | | |
| 1.4 | 危险作业意外伤害保险 | 分部分项人工费＋技术措施项目人工费 | | |
| 1.5 | 工程定额测定费 | | | |
| 2 | 税金[③] | 分部分项工程＋措施项目＋其他项目＋规费 | | |
| 合　计 | | | | |

注：根据原建设部、财政部发布的《建筑安装工程费用组成》（建标［2003］206号）的规定，“计算基础”可为“直接费”、“人工费”或“人工费＋机械费”。

① 规费税金表

基本点：规费、税金项目清单与计价表为《建设工程工程量清单计价规范》（GB 50500—2008）新增，使工程量清单计价包含的内容更完整。

② 规费

提示：规费是根据省级政府或省级有关部门规定必须缴纳的，应计入进驻安装工程造价的费用。

③ 税金

提示：税金是国家税法规定的应计入建筑安装工程造价内的营业税、城市维护建设税及教育费附加等。

# 第二章　某小区园林绿化工程工程量清单招标控制价编制实例

## 第一节　工程招标控制价及标底编制要领

在《建设工程工程量清单计价规范》（GB 50500—2008）中已经引入招标控制价的提示，在该规范的条文说明和宣贯辅导教材中，已对其定义和编制有了比较详细的说明，而我们接下来主要说明一下标底的编制要领，其作用和编制过程与招标控制价是类似的。在某些实际招标投标工作中有这样的情况，招标人只设置标底，而将控制价规定为标底的（$1+n\%$），这样也就通过标底变相地确定了招标控制价。

标底是指招标人根据招标项目的具体情况，编制的完成招标项目所需的全部费用，是根据国家规定的计价依据和计价办法计算出来的工程造价，是招标人对建设工程的期望价格。标底由成本、利润、税金等组成。标底的内容包括三个方面：

（1）标底计价内容。

（2）标底价格组成内容：工程量清单及其单价组成，直接工程费，措施费，有关文件规定的调价，间接费，利润，税金，主要材料、设备需用数量等。

（3）标底价格相关费用：人工、材料、机械台班的市场价格、现场因素费用、不可预见费（特殊情况）、对于采用固定价格的工程所测算的在施工周期内价格波动的风险系数等。

**1. 标底的编制方法**

我国目前主要采用定额计价和工程量清单计价来编制标底。

（1）以定额计价编制标底。通常是根据施工图样及技术说明，按照预算定额规定的分部分项子目，逐项计算出工程量，再套用定额单价（或单位股价表）确定直接工程费，然后按规定的费率标准估计出措施费，得到相应的直接费，再按规定的费用定额确定间接费、利润和税金，加上材料调价系数和适当的不可预见费，汇总后即为标底的基础。定额法是参照现行部、省市的定额和取费标准（规定），确定完成单位产品的工效和材料消耗量，计算工程单价，以工程单价乘以工程量来计算总价的编制方法。定额法的主要优点是计算简单、操作方便，因此目前水利工程的标底编制主要考虑采用定额法。

（2）以工程量清单计价编制标底。因为工程量清单是由招标人已经给定，其项目和工程量都已经确定，故编制标底时的主要工作是依据招标文件规定的内容范围和风险要求确定综合单价。

**2. 编制标底的主要依据**

招标人提供的招标文件，包括商务条款，技术条款，现场查勘资料，批准的初步设计概算或修正概算，国家及地区颁发的现行建筑、安装工程定额及取费标准（规定），设备及材料市场价格，施工组织设计或施工规划或施工现场条件，图样以及招标人对已发出的招标文件进行澄清修改或补充的书面资料、经招标办公室审查批准的招标书和招标答疑会议纪要等。

**3. 标底应包括的内容**

（1）综合说明：建设单位和招标工程名称、建设地点、建设内容与规模、主要经济技术指标、编制依据及说明。

（2）工程概况。

（3）主要工程项目及标底总价，并附工程量、设备清单和计算资料。

（4）编制原则、依据及编制方法。

（5）基础单价。

（6）主要设备价格。

（7）标底取费标准及税、费率。

（8）需要说明的其他问题。

**4. 编制程序**

（1）准备阶段

1）项目初步研究。从工程量清单的全部条目中累计出同类工程的工程量，从而得到本项目各类主要工程的合计工程量，如混凝土、钢筋、砌体。用“粗估”或“综合”的单价来匡算这些主要工程量的造价，从而得到整个项目及其各类主要工作的匡算价格。列出材料、设备数量级规格，进行询价。

2）现场勘查。现场勘查了解工程布置、地形条件、施工条件、场内外交通运输条件等。

3）编写标底并编制工作大纲。通常情况下，标底编制大纲应包括以下内容：标底编制原则和依据；计算基础价格的基本条件和参数；计算标底工程单价所采用的定额、标准和有关取费数据；编制、校审人员安排及计划工程量；标底编制进度及最终标底的提交时间。

4）调查、搜集基础资料。搜集工程所在地的劳资、材料、税务、交通等方面资料，向有关厂家搜集设备价格资料；搜集工程中所应用的新技术、新工艺、新材料的有关价格计算方面的资料。

（2）编制阶段

1）整理基础单价。基础单价包括预算单价、材料预算价格及设备预算价格等。可参考当地政府定额及配套文件。

建设部第 107 号令《建筑工程施工发包与承包计价管理办法》第 6 条明确规定，招标标底编制的依据为：国务院和省、自治区、直辖市人民政府建设行政主管部门制定的工程造价计价办法以及其他有关规定：市场价格信息，因此标底编制应符合下列规定：计价办法应按本省和当地建设行政主管部门有关规定计算；人、材、机的单价应按当地建设行政主管部门发布的市场信息价计算；人、材、机的消耗量应按本省建设行政主管部门制定的消耗量定额计算；项目措施费（含施工技术措施费和施工组织措施费）应根据项目的特点和需要，按照各省（各市）建设行政主管部门颁发的规定（暂时无规定时应参考常用的规定或办法）来计算；规费（工程排污费、工程定额测定费、社会保障费、养老保险费、失业保险费、医疗保险费）、住房公积金、危险作业意外伤害保险应按国家（各省建设行政主管部门）文件规定计算。

标底价格是该项工程的最高限价。

2）分析取费费率，确定相关参数。

3）计算标底工程单价。根据施工组织设计设定的施工方法，计算标底工程单价。工程单价的取费通常包括间接费、利润及税金等，应参照现行工程建设项目预算的编制规定，结合招标项目的工程特点合理选定费率。税金应按现行规定记取。

4）计算标底的建筑安装工程费。

（3）汇总阶段。

1）汇总标底。按工程量清单格式逐项填入工程单价和合价，汇总分组工程标底合价和标底总价。

2）分析标底的合理性。明确招标范围，分析本次招标的工程项目和主要工程量，并与初步设计的工程项目和工程量进行比较，再将标底与审批的设计概算作比较分析，分析标底的合理性。广义的标底应包括标底总价和标底的工程单价。标底总价和标底的工程单价所包括的内容、计算依据和表现形式，应严格按招标文件的规定和要求编制。标底的编制如图 2-1 所示。

**5. 标底编制中的常见问题**

（1）计价问题

1）分部分项

① 分部分项工程内容费用不全。传统的预算定额“砖基础项目”中只有砖基础砌筑的内容，但是在工程量清单计价中按国家计价规范规定，“砖基础项目”中包括砖基础砌筑、基础垫层、墙基防潮层

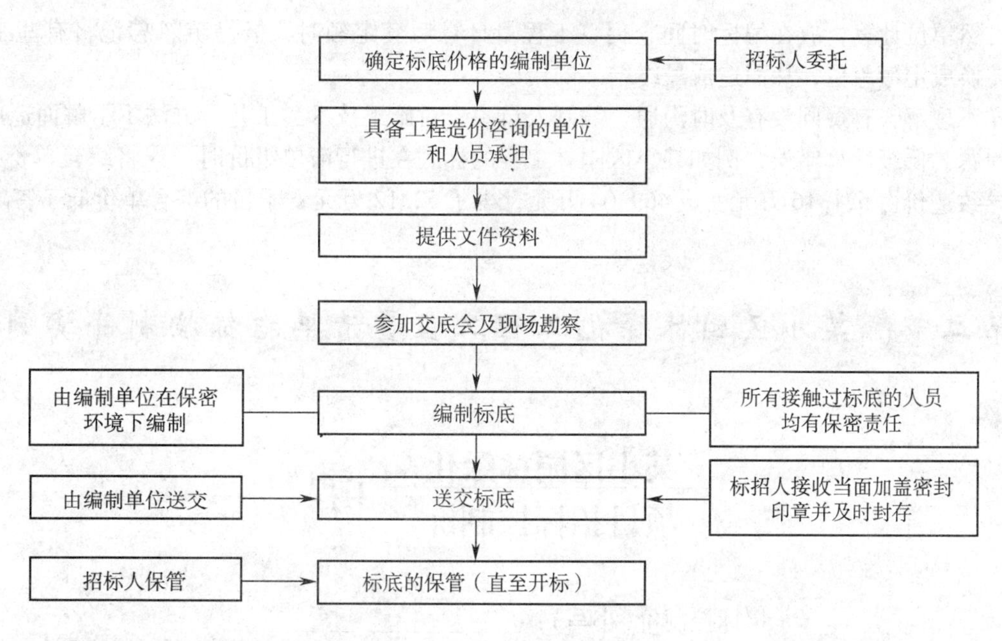


图 2-1　标底编制程序

三个工作内容，如果计价时只计算砖基础砌筑一项，而漏算了另两项，则该项工程综合单价就低了，结算时业主认为漏算的两项内容包括在所报的综合单价内，不得进行调整。

传统的预算定额“挖基础土方项目”中只有挖基础土方的内容，但是在工程量清单计价中、“挖基础土方项目”中却包括挖基础土方、截桩头两个工作内容，同样计价时不能漏算。

② 施工中必须发生的分部分项工程内容所需的费用计算不全。平整场地项目。清单工程量计算规则是：平整场地面积等于建筑物的首层建筑面积。由于施工需要，实际平整场地的面积大于建筑物首层建筑面积；但是大于建筑物首层建筑面积部分却在工程量清单中没有包括，实际施工时，这部分工程内容需要完成，费用需要支出，计价时不要漏算。

挖基础土方时，清单工程量计算规则是：挖基础土方的工程量等于基础垫层的面积乘以挖土深度，不考虑工作面和放坡的土方量。实际施工时工作面和放坡的土方量都是可能发生的，这部分费用不能不考虑。

③ 未考虑风险因素。风险应体现在各分部分项工程综合单价和措施项目综合单价中，可在综合单价计算时将风险费用单独列为一项。

④ 分部分项补充定额的制定无依据。编制标底时，遇到缺项的，由编制人自行补充，并在招标文件中说明该项目的工作内容、计量单位和相应的计算规则。

对于无法预见、无法定义或施工图无详示，以致不能准确计算的项目，可将其作为“暂定项目”的暂定综合单价列入，并约定相应的结算方法。

对于编制人自行补充的项目，应报工程所在地工程造价管理部门备案。

⑤ 建筑安装材料定价应执行有关规定。编制人员在编制标底时对主要材料的市场价格心中有数、货比三家；在无业主任何资料确认的情况下，按业主意图或自行定价。

（2）取费标准不合理，套用定额标准有误。如属业主单独发包项目，应按单价取费。

2）措施项目

① 对清单规范、清单执行文件及清单计价格式的理解不透彻，字目套用，计算方法等方面存在问题，如措施项目计入分部分项子目；其他项目费列入措施项目中；措施费中的临时设施费漏计；安全文明施工措施费的计算基础包括了措施项目费；规费的计算基础中未包括其他项目费等；子目混淆、格式误差、费率漏算。

② 计量问题。

粗心大意，工程量计算错误。工程量变化很大，因定额单位大多不是自然单位，计算过程中工程量又是按自然单位计算，故在编标时间仓促、工程量计算后套定额时，极易疏忽忘记将有些工程量的自然单位转换成定额单位，从而造成最终结果的错误。

对图样不理解，有疑问没有及时沟通。编制人员由于对施工技术、工艺、方法不了解而造成。

其他问题。低级计算错误，例如某小区园林工程的标底在进行清单组价时，误将综合单价乘上 0.9 的系数，导致造价由 521.16 万元变成 469.04 万元，少了 52.12 万元；子目的综合单价低于答疑时公布的主材价等。

## 第二节　某小区园林绿化工程工程量清单招标控制价实例

### 某小区园林绿化　工程<br>项目招标控制价①

招标控制价(小写)：________________

(大写)：________________

招　标　人：________________ (单位盖章)　　　工程造价咨询人②：________________ (单位资质专用章⑤)

法定代理人或其授权人：________________ (签字或盖章)　　　法定代理人或其授权人：________________ (签字或盖章)

编　制　人⑥：________________ (造价人员③签字盖专用章)　　　复　核　人：________________ (造价工程师④签字盖专用章)

编制时间：　　年　　月　　日　　　复核时间：　　年　　月　　日

① 控制价

提示：招标控制价为《建设工程工程量清单计价规范》(GB 50500—2008) 新增术语，其作用是限定招标工程发包的最高限价，一般由招标人或其委托的造价咨询人根据国家或省级、行业建设主管部门发布的有关计价规定，依照已编制的工程量清单而计算得出的工程造价。不同于以往的标底，招标控制价是公开的。

② 咨询人

提示：工程造价咨询人也为新增术语，是指接受招标人的委托专门从事造价咨询服务的中介机构，并需依法取得工程造价咨询企业资质，并在资质等级许可范围内从事造价咨询活动。

③ 造价人员

提示：造价人员包括造价工程师及造价员，他们都是从事建设工程造价工作的专业技术人员，其中造价员是按相关规定通过考试取得《全国建设工程造价人员资格证书》从事造价业务的人员，证书全国有效，但分别由各地区自律管理。

④ 造价工程师

提示：造价工程师是经过全国统一考试合格，取得执业资格证书，并且在一个单位进行注册取得《造价工程注册证书》才能从事造价活动。由建设行政主管部门统一进行管理。

⑤ 资质章

基本点：当招标人委托工程咨询人编制工程量清单时，工程造价咨询人需加盖单位资质专用章，法定代表人或其授权人签字或盖章。

⑥ 编制人

基本点：当编制人为造价员时，由其在编制人栏签字盖专用章，并应由注册造价工程师复核，并在复核人栏签字盖执业专用章。

## 总　说　明[①]

工程名称：某小区园林绿化工程　　　　第1页　共1页

1. 工程概况：本工程为某小区园林绿化工程，计划工期为90日历天。

2. 招标控制价包括范围：施工图范围内的小区绿化工程。

3. 招标控制价编制依据：

（1）某小区园林绿化施工图。

（2）招标文件提供的工程量清单。

（3）招标文件中有关计价的要求。

（4）《20××年××市建设工程预算定额》和其相应的费用文件以及××市有关的计价文件。

（5）材料价格采用××市建设工程造价管理处2010年7月《工程造价信息》发布的价格信息，对于工程造价信息没有发布信息的材料，其价格参照市场价。

① 总说明（招标控制价）

基本点：招标控制价总说明的内容应包括：采用的计价依据，采用的施工组织设计及材料价格来源，综合单价中风险因素、风险范围（幅度），其他等。

深化：《建设工程工程量清单计价规范》（GB 50500—2008）规定，如招标人或其委托的工程咨询人不按规范规定要求编制招标控制价，则有权对其进行投诉，所以在编制招标控制价总说明时，需要将其编制依据一一列明，并着实按照所列依据编制，以体现招标的公平、公正、实事求是的原则。

## 单位工程①招标控制价汇总表

工程名称：某小区园林绿化工程　　标段：　　第1页　共1页

| 序　号 | 项目名称 | 金　额 | 其中：暂估价/元 |
|---|---|---|---|
| 一 | 分部分项工程 | 6277055.51 | 1834414.76 |
| 1.1 | 建筑工程 | 34592.54 | 5221.21 |
| 1.2 | 装饰装修工程 | 143588.5 | |
| 1.3 | 绿化工程 | 6098874.47 | 1829193.55 |
| 二 | 措施项目 | 191559.67 | |
| 2.1 | 安全文明施工费 | 105922.82 | |
| 三 | 其他项目 | 432500 | — |
| 3.1 | 暂列金额 | 100000 | — |
| 3.2 | 专业工程暂估 | 300000 | — |
| 3.3 | 计日工 | 28000 | — |
| 3.4 | 总承包服务费 | 4500 | — |
| 四 | 规费 | 264533.72 | — |
| 4.1 | 工程排污费 | | |
| 4.2 | 社会保障费 | 204201.47 | |
| (1) | 养老保险费 | 129946.39 | |
| (2) | 失业保险费 | 18563.77 | |
| (3) | 医疗保险费 | 55691.31 | |
| 4.3 | 住房公积金 | 55691.31 | |
| 4.4 | 危险作业意外伤害保险 | 4640.94 | |
| 4.5 | 工程定额测定费 | | |
| 五 | 税金 | 243632.06 | — |
| 招标控制价合计=1+2+3+4+5 | | | |

注：本表适用于单位工程招标控制价或投标报价的汇总，如无单位工程划分，单项工程也使用本表汇总

① 单位工程

提示：单位工程是指具有独立设计，可以独立组织施工，但完成后不能独立发挥效益的工程，它是单项工程的组成部分，如一个住宅楼可以由建筑工程、装饰装修工程、安装工程这些单位工程组成。也可以说就是清单中附录A、B、C、D、E、F的内容。

深化：单项工程则是指具有独立设计，可以独立施工，建成后能够独立发挥生产能力或效益的工程，如生产车间、办公楼、住宅楼、教学楼等。单项工程是建设项目的组成部分。而建设项目又是指按一个总的设计意图，由一个或多个单项工程所组成，经济上实行统一核算，行政上实行统一管理的建设单位。一般以一个企业、事业单位或独立的工程作为一个建设项目，如一个学校，一个楼盘等。

## 分部分项工程量清单与计价表

工程名称：某小区园林绿化工程　　　　标段：　　　　第1页　共5页

| 序号 | 项目编码[①] | 项目名称 | 项目特征描述 | 计量单位 | 工程量 | 金额/元 | | |
|---|---|---|---|---|---|---|---|---|
| | | | | | | 综合单价 | 合价 | 其中：暂估价 |
| | A | 建筑工程 | | | | | | |
| 1 | 010101001002 | 平整场地 | 中心广场平整场地 | $m^2$ | 577.4 | 2.16 | 1247.18 | |
| 2 | 010101003002 | 挖基础土方 | 1. 土方开挖<br>2. 基底钎探 | $m^3$ | 121.01 | 38.17 | 4618.95 | |
| 3 | 010302001001 | 实心砖墙 | 3/4砖实心砖外墙 | $m^3$ | 68.52 | 264.91 | 18151.63 | |
| 4 | 010402001001 | 现浇混凝土矩形柱 | 1. 200mm×200mm矩形柱<br>2. 混凝土级别：C20 | $m^3$ | 12.75 | 403.56 | 5145.39 | 3331.45 |
| 5 | 010402001002 | 矩形柱 | 1. 混凝土强度等级：C20 | $m^3$ | 2.6 | 403.56 | 1049.26 | 679.35 |
| 6 | 010403001001 | 基础梁 | 1. 基础梁<br>2. 混凝土级别：C20 | $m^3$ | 4.5 | 390.08 | 1755.36 | 1210.41 |
| 7 | 010416001001 | 现浇混凝土钢筋 | 1. 钢筋（网、笼）制作、运输<br>2. 钢筋（网、笼）安装<br>3. 部位：独立基础 | t | 0.6 | 4374.62 | 2624.77 | |
| | | 分部小计 | | | | | | |
| | B | 装饰装修工程 | | | | | | |
| 8 | 020102001001 | 石材楼地面 | 300mm×300mm锈板文化石地面 | $m^2$ | 181 | 108.49 | 19636.69 | |
| 9 | 020102001002 | 石材楼地面 | 平台面灰色花岗石地面 | $m^2$ | 176.27 | 281.22 | 49570.65 | |
| 10 | 020102001003 | 石材楼地面 | 凹缝密拼100mm×115mm×400mm，光面连州青花石板 | $m^2$ | 97.92 | 281.22 | 27537.06 | |
| 11 | 020102001004 | 石材楼地面 | 平台面灰色花岗石板 | $m^2$ | 31.74 | 281.22 | 8925.92 | |
| 12 | 020102001005 | 石材楼地面 | 50mm厚粗面花岗石 | $m^2$ | 89.24 | 349.69 | 31206.34 | |
| 13 | 020205003001 | 块料柱面 | 45mm×195mm米黄色仿石砖块料柱面 | $m^2$ | 52 | 90.51 | 4706.52 | |
| 14 | 020301001001 | 顶棚抹灰 | 顶棚抹灰：混合砂浆两遍 | $m^2$ | 130.47 | 15.37 | 2005.32 | |
| | | 分部小计 | | | | | | |
| | E | 园林绿化工程 | | | | | | |
| 15 | 050101006001 | 整理绿化用地 | 1. 土壤类别：一、二类土<br>2. 取土运距：6km<br>3. 回填厚度：10cm | $m^2$ | 1500 | 6.18 | 9270 | |
| 16 | 050102001001 | 栽植千头椿 | 1. 乔木种类：千头椿<br>2. 乔木胸径：7～8cm<br>3. 养护期：3个月 | 株 | 73 | 490.35 | 35795.55 | |
| 17 | 050102001002 | 栽植合欢 | 1. 乔木种类：合欢<br>2. 乔木胸径：7～8cm<br>3. 养护期：3个月 | 株 | 31 | 330.98 | 10260.38 | |
| 18 | 050102001003 | 栽植栾树 | 1. 乔木种类：栾树<br>2. 乔木胸径：7～8cm<br>3. 养护期：3个月 | 株 | 44 | 327.44 | 14407.36 | |
| 本页小计 | | | | | | | | |

① 项目编码

基本点：分部分项工程量清单的项目编码采用12位数字表示，其中1至9位应按照《建设工程工程量清单计价规范》（GB 50500—2008）中附录的规定设置，而10至12位则根据招标拟建工程的清单项目名称设置，并强调同一招标工程的项目编码不得重码。

深化：因有时同一招标工程项目有一个以上的单位工程，而在这些单位工程中可能有一些工作内容及项目特征完全一致的分项工程，而根据“同一招标工程的项目编码不得有重码”的规定，则这些分项工程的项目编码的10至12位应该区别编码。

## 分部分项工程量清单与计价表

工程名称：某小区园林绿化工程　　　　标段：　　　　第2页　共5页

| 序号 | 项目编码 | 项目名称 | 项目特征描述 | 计量单位 | 工程量① | 金额/元 | | |
|---|---|---|---|---|---|---|---|---|
| | | | | | | 综合单价 | 合价 | 其中：暂估价 |
| 19 | 050102001004 | 栽植西府海棠 | 1. 乔木种类：西府海棠<br>2. 乔木胸径：7～8cm<br>3. 养护期：3个月 | 株 | 5 | 421.12 | 2105.6 | |
| 20 | 050102001005 | 栽植毛白杨 | 1. 乔木种类：毛白杨<br>2. 乔木胸径：8～10cm<br>3. 养护期：3个月 | 株 | 112 | 598.95 | 67082.4 | |
| 21 | 050102001006 | 栽植二球悬铃木 | 1. 乔木种类：二球悬铃木<br>2. 乔木胸径：7～8cm<br>3. 养护期：3个月 | 株 | 17 | 490.35 | 8335.95 | |
| 22 | 050102001007 | 栽植紫叶李 | 1. 乔木种类：紫叶李<br>2. 乔木胸径：5～6cm<br>3. 养护期：3个月 | 株 | 48 | 475.42 | 22820.16 | |
| 23 | 050102001008 | 栽植槐树 | 1. 乔木种类：槐树<br>2. 乔木胸径：8～10cm<br>3. 养护期：3个月 | 株 | 108 | 490.35 | 52957.8 | |
| 24 | 050102001009 | 栽植垂柳 | 1. 乔木种类：垂柳<br>2. 乔木胸径：8～10cm<br>3. 养护期：3个月 | 株 | 12 | 490.35 | 5884.2 | |
| 25 | 050102001010 | 栽植旱柳 | 1. 乔木种类：旱柳<br>2. 乔木胸径：8～10cm<br>3. 养护期：3个月 | 株 | 163 | 490.35 | 79927.05 | |
| 26 | 050102001011 | 栽植馒头柳 | 1. 乔木种类：馒头柳<br>2. 乔木胸径：8～10cm<br>3. 养护期：3个月 | 株 | 37 | 490.35 | 18142.95 | |
| 27 | 050102001012 | 栽植油松 | 1. 乔木种类：油松<br>2. 乔木高：2.5～3.0m<br>3. 养护期：3个月 | 株 | 29 | 490.35 | 14220.15 | |
| 28 | 050102001013 | 栽植云杉 | 1. 乔木种类：云杉<br>2. 乔木高：2.5～3.0m<br>3. 养护期：3个月 | 株 | 28 | 490.35 | 13729.8 | |
| 29 | 050102001014 | 栽植河南桧 | 1. 乔木种类：河南桧<br>2. 乔木高：2.0～2.5m<br>3. 养护期：3个月 | 株 | 59 | 490.35 | 28930.65 | |
| 30 | 050102002001 | 栽植早园竹 | 1. 竹种类：早园竹<br>2. 竹高：200～250cm | 株 | 5940 | 121.18 | 719809.2 | |
| 31 | 050102004001 | 栽植紫珠 | 1. 灌木种类：紫珠<br>2. 冠丛高：1.2～1.5m<br>3. 养护期：3个月 | 株 | 36 | 95.66 | 3443.76 | |
| 32 | 050102004002 | 栽植平枝栒子 | 1. 灌木种类：平枝栒子<br>2. 冠丛高：1.0～1.2m<br>3. 养护期：3个月 | 株 | 31 | 84.8 | 2628.8 | |
| 33 | 050102004003 | 栽植海州常山 | 1. 灌木种类：海州常山<br>2. 冠丛高：1.2～1.5m<br>3. 养护期：3个月 | 株 | 25 | 193.4 | 4835 | |
| 本页小计 | | | | | | | | |

① 工程量

深化：对于《建设工程工程量清单计价规范》（GB 50500—2008）附录中部分有一个以上计量单位的清单项目，可以根据实际工作，选择一个最适宜的。例如门窗工程中的计量单位为"樘/$m^2$"两个计量单位，对于市场上有标准化生产的构件就可以用"樘"为单位，而对于市场上一般习惯以"$m^2$"作为报价和结算单位的就以"$m^2$"为单位。

## 分部分项工程量清单与计价表

工程名称：某小区园林绿化工程　　标段：　　第3页　共5页

| 序号 | 项目编码 | 项目名称 | 项目特征描述 | 计量单位 | 工程量 | 金额/元 | | |
|---|---|---|---|---|---|---|---|---|
| | | | | | | 综合单价 | 合价 | 其中：暂估价 |
| 34 | 050102004004 | 栽植“主教”红端木 | 1. 灌木种类：“主教”红端木<br>2. 冠丛高：1.0～1.2m<br>3. 养护期：3个月 | 株 | 39 | 193.4 | 7542.6 | |
| 35 | 050102004005 | 栽植黄栌 | 1. 灌木种类：黄栌<br>2. 冠丛高：1.8～2.0m<br>3. 养护期：3个月 | 株 | 44 | 144.6 | 6362.4 | |
| 36 | 050102004006 | 栽植连翘 | 1. 灌木种类：连翘<br>2. 冠丛高：1.2～1.5m<br>3. 养护期：3个月 | 株 | 73 | 193.4 | 14118.2 | |
| 37 | 050102004007 | 栽植木槿 | 1. 灌木种类：木槿<br>2. 冠丛高：1.5～1.8m<br>3. 养护期：3个月 | 株 | 51 | 141.11 | 7196.61 | |
| 38 | 050102004008 | 栽植重瓣棣棠花 | 1. 灌木种类：重瓣棣棠花<br>2. 冠丛高：0.8～1.0m<br>3. 养护期：3个月 | 株 | 1090 | 84.8 | 92432 | |
| 39 | 050102004009 | 栽植棣棠花 | 1. 灌木种类：棣棠花<br>2. 冠丛高：1.2～1.5m<br>3. 养护期：3个月 | 株 | 570 | 117.38 | 66906.6 | |
| 40 | 050102004010 | 栽植紫薇 | 1. 灌木种类：紫薇<br>2. 冠丛高：1.5～1.8m<br>3. 养护期：3个月 | 株 | 56 | 119.39 | 6685.84 | |
| 41 | 050102004011 | 栽植金银木 | 1. 灌木种类：金银木<br>2. 冠丛高：1.2～1.5m<br>3. 养护期：3个月 | 株 | 58 | 117.38 | 6808.04 | |
| 42 | 050102004012 | 栽植黄刺玫 | 1. 灌木种类：黄刺玫<br>2. 冠丛高：1.2～1.5m<br>3. 养护期：3个月 | 株 | 78 | 117.38 | 9155.64 | |
| 43 | 050102004013 | 栽植华北珍珠梅 | 1. 灌木种类：华北珍珠梅<br>2. 冠丛高：1.2～1.5m<br>3. 养护期：3个月 | 株 | 57 | 95.66 | 5452.62 | |
| 44 | 050102004014 | 栽植华北紫丁香 | 1. 灌木种类：华北紫丁香<br>2. 冠丛高：1.2～1.8m<br>3. 养护期：3个月 | 株 | 108 | 95.66 | 10331.28 | |
| 45 | 050102004015 | 栽植珍珠绣线菊 | 1. 灌木种类：珍珠绣线菊<br>2. 冠丛高：1.0～1.2m<br>3. 养护期：3个月 | 株 | 64 | 95.66 | 6122.24 | |
| 46 | 050102004016 | 栽植鸡树条荚蒾 | 1. 灌木种类：鸡树条荚蒾<br>2. 冠丛高：1.0～1.2m<br>3. 养护期：3个月 | 株 | 51 | 95.66 | 4878.66 | |
| 本页小计 | | | | | | | | |

## 分部分项工程量清单与计价表

工程名称：某小区园林绿化工程　　　　标段：　　　　第4页　共5页

| 序号 | 项目编码 | 项目名称 | 项目特征描述 | 计量单位 | 工程量 | 金额/元 | | |
|---|---|---|---|---|---|---|---|---|
| | | | | | | 综合单价 | 合价 | 其中：暂估价 |
| 47 | 050102004017 | 栽植红王子锦带 | 1. 灌木种类：红王子锦带<br>2. 冠丛高：1.0～1.2m<br>3. 养护期：3个月 | 株 | 48 | 95.66 | 4591.68 | |
| 48 | 050102004018 | 栽植大叶黄杨球 | 1. 灌木种类：大叶黄杨球<br>2. 直径：0.6～0.8m<br>3. 养护期：3个月 | 株 | 18 | .95.66 | 1721.88 | |
| 49 | 050102004019 | 栽植金叶女贞球 | 1. 灌木种类：金叶女贞球<br>2. 直径：0.6～0.8m<br>3. 养护期：3个月 | 株 | 11 | 84.8 | 932.8 | |
| 50 | 050102005001 | 栽植五叶地锦 | 1. 苗木种类：五叶地锦<br>2. 生长年限：3年<br>3. 养护期：3个月 | m | 243 | 44.93 | 10917.99 | |
| 51 | 050102006001 | 栽植迎春花 | 1. 植物种类：迎春花<br>2. 生长年限：3年<br>3. 养护期：3个月 | 株 | 2530 | 30.67 | 77595.1 | |
| 52 | 050102007001 | 栽植铺地柏 | 1. 苗木种类：铺地柏<br>2. 苗木株高：0.5～0.8m<br>3. 养护期：3个月 | $m^2$ | 250 | 354.62 | 88655 | |
| 53 | 050102007002 | 栽植大叶黄杨 | 1. 苗木种类：大叶黄杨<br>2. 苗木株高：0.5～0.8m<br>3. 养护期：3个月 | $m^2$ | 1160 | 289.14 | 335402.4 | |
| 54 | 050102008001 | 栽植紫叶小檗 | 1. 花卉种类：紫叶小檗<br>2. 株高：0.5～0.8m<br>3. 养护期：3个月 | 株 | 2592 | | | |
| 55 | 050102008002 | 栽植玉簪 | 1. 花卉种类：玉簪<br>2. 生长年限：3年<br>3. 养护期：3个月 | 株 | 1629 | | | |
| 56 | 050102008003 | 栽植大花萱草 | 1. 花卉种类：大花萱草<br>2. 生长年限：3年<br>3. 养护期：3个月 | 株 | 2080 | | | |
| 57 | 050102008004 | 栽植黄娃娃鸢尾 | 1. 花卉种类：黄娃娃鸢尾<br>2. 芽数：2～3芽<br>3. 养护期：3个月 | 株 | 1300 | | | |
| 58 | 050102008005 | 栽植丰花月季 | 1. 花卉种类：丰花月季<br>2. 生长年限：多年<br>3. 养护期：3个月 | 株 | 3288 | | | |
| 59 | 050102011001 | 喷播冷季型草 | 1. 草籽种类：冷季型草<br>2. 养护期：3个月 | $m^2$ | 27225 | 16.42 | 447034.5 | |
| 60 | 050201001001 | 园路工程 | 1. 垫层厚度、宽度、材料种类：100mm厚混凝土垫层，150mm厚级配砂石<br>2. 路面规格、宽度、材料种类：35mm厚青石板<br>3. 砂浆强度等级：20mm厚1∶3干硬性水泥砂浆<br>4. 混凝土强度等级：C15 | $m^2$ | 3251 | 139.67 | 454067.17 | 249033.1 |
| 本页小计 | | | | | | | | |

## 分部分项工程量清单与计价表

工程名称：某小区园林绿化工程　　　　标段：　　　　第5页　共5页

| 序号 | 项目编码 | 项目名称 | 项目特征描述 | 计量单位 | 工程量 | 金额/元 | | |
|---|---|---|---|---|---|---|---|---|
| | | | | | | 综合单价 | 合价 | 其中：暂估价 |
| 61 | 050201001002 | 园路工程 | 1. 垫层厚度、宽度、材料种类：100mm厚混凝土垫层，150mm厚级配砂石<br>2. 路面规格、宽度、材料种类：60mm厚透水砖<br>3. 混凝土强度等级：C15 | $m^2$ | 6215 | 135.94 | 844867.1 | 476081.43 |
| 62 | 050201001003 | 园路工程 | 1. 垫层厚度、宽度、材料种类：100mm厚混凝土垫层，150mm厚级配砂石<br>2. 路面规格、宽度、材料种类：60mm厚混凝土砖<br>3. 混凝土强度等级：C15 | $m^2$ | 8428 | 135.94 | 1145702.32 | 645601.66 |
| 63 | 050201001004 | 园路工程（停车场） | 1. 垫层厚度、宽度、材料种类：150mm厚混凝土垫层，250mm厚级配砂石<br>2. 路面规格、宽度、材料种类：60mm厚混凝土砖<br>3. 混凝土强度等级：C15 | $m^2$ | 5126 | 169.56 | 869164.56 | 458279.78 |
| 64 | 050201002001 | 路牙铺设 | 1. 垫层厚度、材料种类：250mm厚级配砂石<br>2. 路牙材料种类、规格：混凝土透水砖立砌<br>3. 砂浆强度等级：1∶3干硬性水泥砂浆 | m | 1 | 51.64 | 51.64 | 31 |
| 65 | 050201014001 | 木栏杆扶手 | 美国南方松木栏杆扶手 | m | 167 | 240.28 | 40126.76 | |
| 66 | 050201016001 | 木制步桥 | 美国南方松木桥面板，M12膨胀螺栓固定 | $m^2$ | 831.6 | 480.03 | 399192.95 | |
| 67 | 050301001001 | 原木（带树皮）柱、梁、檩、椽 | 原木200mm，美国南方松木柱制作安装 | m | 62.2 | 80.47 | 5005.23 | 37.47 |
| 68 | 050301001002 | 原木（带树皮）柱、梁、檩、椽 | 遮雨廊美国南方松木（带树皮）柱、梁、檩 | m | 94 | 75.51 | 7097.94 | 28.31 |
| 69 | 050304001001 | 木制飞来椅 | 座凳面、靠背扶手、靠背、楣子制作安装 | m | 16 | 472.81 | 7564.96 | |
| 70 | 050304006001 | 石桌石凳 | 桌、凳安装和砌筑 | 个 | 18 | 33.5 | 603 | 100.8 |
| | | 分部小计 | | | | | | |
| | | | | | | | | |
| | | | | | | | | |
| | | | | | | | | |
| | | | | | | | | |
| 本页小计 | | | | | | | | |
| 合　计 | | | | | | | | |

注：根据原建设部、财政部发布的《建筑安装工程费用组成》（建标［2003］206号）的规定，为记取规费等的使用，可以在表中增设其中：“直接费”、“人工费”或“人工费+机械费”。

## 措施项目[①]清单与计价表（一）

工程名称：某小区园林绿化工程　　　　标段：　　　　第1页　共1页

| 序　　号 | 项目名称 | 基数说明 | 费率（%） | 金额/元 |
|---|---|---|---|---|
| 1 | 安全文明施工费 | 分部分项直接费 | 2.5 | 105922.82 |
| 2 | 夜间施工费 | | | |
| 3 | 二次搬运费 | 分部分项主材费 | 2 | 27659.99 |
| 4 | 冬、雨期施工 | | | |
| 5 | 大型机械设备进出场及安拆费 | | | |
| 6 | 施工排水 | | | |
| 7 | 施工降水 | | | |
| 8 | 地上、地下设施，建筑物的临时保护设施 | | | |
| 9 | 已完工程及设备保护 | | | |
| | | | | |
| 合　　计 | | | | |

注：1. 本表适用于以“项”计价的措施项目。

2. 根据原建设部、财政部发布的《建筑安装工程费用组成》（建标［2003］206号）的规定，“计算基础”可为“直接费”、“人工费”或“人工费+机械费”。

① 措施项目

深化：措施项目清单的报价是各投标人投标报价完全竞争最充分的部分，对有些省级或行业建设主管部门有规定的项目，投标人可根据规定的限制或范围根据自己企业的特点和内部经济工程数据进行报价，而其他主要根据投标施工组织设计自主报价的部分则完全根据企业自己的特点和组织来进行报价，此部分的报价各报价人不可能完全一样，且费用的大小往往相差较大。因为各个投标人的特点和优势不尽相同，故往往投标人在自己认为本企业在该项措施上有更大的优势和资源，而形成该项费用的成本比市场上其他企业低时，则该项报价就是该投标人的投标优势；即使在投标报价时对该项的报价与其他投标人相近，但其成本比其他投标人低，总的来说，最后他将因此获得更高的利润，这主要看投标人对投标的把握和对今后风险的一种选择。

## 措施项目清单[①]与计价表（二）

工程名称：某小区园林绿化工程　　　　标段：　　　　第1页　共1页

| 序号 | 项目编码 | 项目名称 | 项目特征描述 | 计量单位 | 工程量 | 金额/元 | |
|---|---|---|---|---|---|---|---|
| | | | | | | 综合单价 | 合价 |
| 1 | EB001 | 满堂脚手架 | 1. 脚手架搭设<br>2. 脚手架拆卸 | $m^2$ | 1080 | 8.78 | 9482.4 |
| 2 | EB002 | 工程水电费 | 工程过程中的水电消耗 | $m^2$ | 12154 | 3.99 | 48494.46 |
| 本页小计 | | | | | | | |
| 合　　计 | | | | | | | |

注：本表适用于以综合单价形式计价的措施项目。

① 措施项目清单

深化：对于类似脚手架及模板等可计量的措施项的报价时，因各投标人的情况不尽相同，有些投标人可能自身已有可供周转使用的脚手架及模板等材料和机械，而有些投标人则需临时购置或租赁，因此各投标人的成本将存在较大差异，一般招标人在编制清单时会说明脚手架等措施材料是否为租赁或是购买摊销，以规范投标人的报价，但投标人都可以根据自身条件和特点进行报价。

## 其他项目清单与计价汇总表

工程名称：某小区园林绿化工程　　标段：　　第1页　共1页

| 序　号 | 项目名称 | 计量单位 | 金额/元 | 备　注 |
|---|---|---|---|---|
| 1 | 暂列金额[①] | 项 | 100000 | |
| 2 | 暂估价 | | 300000 | |
| 2.1 | 材料暂估价[②] | | — | |
| 2.2 | 专业工程暂估价 | 项 | 300000 | |
| 3 | 计日工[③] | | 28000 | |
| 4 | 总承包服务费 | | 4500 | |
| 合　计 | | | | — |

注：材料暂估单价进入清单项目综合单价，此处不汇总。

① 暂列金额

基本点："暂列金额"为《建设工程工程量清单计价规范》(GB 50500—2003) 中"预留金"的更名。

② 材料暂估价

基本点：新增"材料暂估价"部分。

③ 计日工

基本点："计日工"为《建设工程工程量清单计价规范》(GB 50500—2003) 中"零星项目工作费"的更名。

## 暂列金额[①]明细表

工程名称：某小区园林绿化工程　　标段：　　第1页　共1页

| 序　号 | 名　称 | 计量单位/元 | 暂定金额 | 备　注 |
|---|---|---|---|---|
| 1 | 暂列金额 | | 100000 | |
| 合　计 | | | | — |

注：此表由招标人填写，如不能详列，也可只列暂列金额总额，投标人应将上述暂列金额计入投标总价中。

① 暂列金额

基本点：此部分内容在实际履约工程中可能发生，也可能不发生，需依据履约工程中的实际情况才能决定该项目的最终价款，因此在编制招标控制价和投标报价时都只需直接将工程量清单中所列的暂列金额纳入总价。

深化：暂列金额虽然在招标的过程中列入了招标项目的工程总价，但并不意味着此项费用就属于承包方所有，即使是总价包干合同，也不是列入合同价格的任何金额都属于承包人，是否属于承包人应得金额则取决于具体的合同约定，只有按照合同约定程序实际发生后，才能成为承包人的应得金额，纳入合同结算价款。

## 材料暂估单价[①]表

工程名称：某小区园林绿化工程　　标段：　　第1页　共1页

| 序　号 | 材料名称、规格、型号 | 计量单位 | 单价/元 | 备　注 |
|---|---|---|---|---|
| 02022 | 混凝土块道牙 | m | 31 | |
| 04079 | 混凝土砌块砖（200mm×100mm×60mm） | 块 | 1 | |
| 40006 | C15 预拌混凝土 | $m^3$ | 251 | |
| 40007 | C20 预拌混凝土 | $m^3$ | 265 | |
| 40012 | C20 预拌豆石混凝土 | $m^3$ | 280 | |

注：1. 此表由招标人填写，并在备注栏说明暂估价的材料拟用在哪些清单项目上，投标人应将上述材料暂估单价计入工程量清单综合单价报价中。

2. 材料包括原材料、燃料、构（配）件以及规定应计入建筑安装工程造价的设备。

① 材料暂估价

基本点：此部分内容为招标阶段预见肯定要发生，因为标准不明确或需要有专业承包人完成，暂时无法确定具体价格的，应使投标人有相应的依据，使报价相对平等合理；并在清单计价表和分析表中体现出其具体金额。

## 专业工程暂估价①表

工程名称：某小区园林绿化工程　　标段：　　第1页　共1页

| 序　号 | 工程名称 | 工程内容 | 金额/元 | 备　注 |
|---|---|---|---|---|
| 1 | 喷管系统工程 | | 300000 | |
| 合　计 | | | | — |

注：此表由招标人填写，投标人应将上述专业工程暂估价计入投标总价中。

① 专业工程暂估价

基本点：此部分内容在编制工程量清单时，应列明其具体金额，在编制招标控制价及投标报价时，此部分不需调整直接按工程量清单给定金额计入报价。

深化：专业工程暂估价一般是综合暂估价，应当包括了除规费、税金以外的管理费、利润等。投标人投标时不应将其再记取除规费、税金外的任何费用。

## 计日工①表

工程名称：某小区园林绿化工程　　标段：　　第1页　共1页

| 编　号 | 项目名称 | 单　位 | 暂定数量 | 综合单价 | 合　价 |
|---|---|---|---|---|---|
| 1 | 人工 | | | | |
| 1.1 | 零工 | 工日 | 50 | 50 | 2500 |
| 人工小计 | | | | | |
| 2 | 材料 | | | | |
| 2.1 | 透水砖 | $m^2$ | 500 | 36 | 18000 |
| 材料小计 | | | | | |
| 3 | 机械 | | | | |
| 3.1 | 起重机械 | 台班 | 15 | 500 | 7500 |
| 机械小计 | | | | | |
| 总　计 | | | | | |

注：此表项目名称、数量由招标人填写，编制招标控制价时，单价由招标人按有关计价规定确定；投标时，单价由投标人自主报价，计入投标总价中。

① 计日工

基本点：此部分内容在编制工程量清单时，应列明其具体暂定数量，在编制招标控制价及投标报价时，分别依据有关计价规定和投标人自主确定的单价计入报价，数量无须再计算和修改。

## 总承包服务费①计价表

工程名称：某小区园林绿化工程　　标段：　　第1页　共1页

| 序　号 | 项目名称 | 项目价值/元 | 服务内容 | 费率（%） | 金额/元 |
|---|---|---|---|---|---|
| 1 | 喷灌系统工程 | 300000 | 对分包工程进行总承包管理和协调，并按专业工程的要求配合专业厂家进行安装 | 1.5 | 4500 |
| 合　计 | | | | | |

① 总承包服务费

基本点：此部分内容在编制工程量清单时，应列明其中的分包专业及自行采购材料、设备的具体暂定金额，在编制招标控制价及投标报价时，分别依据有关计价规定和投标人自主确定的费率计入报价，计费基础的金额无须再计算和修改。

## 规费、税金项目清单与计价表

工程名称：某小区园林绿化工程　　　　标段：　　　　第1页　共1页

| 序　号 | 项目名称① | 计算基础 | 费率（%） | 金额/元 |
|---|---|---|---|---|
| 1 | 规费 | 工程排污费＋社会保障费＋住房公积金＋危险作业意外伤害保险＋工程定额测定费 | | 264533.72 |
| 1.1 | 工程排污费 | | | |
| 1.2 | 社会保障费 | 养老保险费＋失业保险费＋医疗保险费 | | 204201.47 |
| 1.2.1 | 养老保险费 | 分部分项人工费＋技术措施项目人工费 | 14 | 129946.39 |
| 1.2.2 | 失业保险费 | 分部分项人工费＋技术措施项目人工费 | 2 | 18563.77 |
| 1.2.3 | 医疗保险费 | 分部分项人工费＋技术措施项目人工费 | 6 | 55691.31 |
| 1.3 | 住房公积金 | 分部分项人工费＋技术措施项目人工费 | 6 | 55691.31 |
| 1.4 | 危险作业意外伤害保险 | 分部分项人工费＋技术措施项目人工费 | 0.5 | 4640.94 |
| 2 | 税金 | 分部分项工程＋措施项目＋其他项目＋规费 | 3.4 | 243632.06 |
| | | | | |
| 合　计 | | | | |

注：根据原建设部、财政部发布的《建筑安装工程费用组成》（建标［2003］206号）的规定，“计算基础”可为“直接费”、“人工费”或“人工费＋机械费”。

① 项目名称

基本点：所列规费项目，根据施工实际中是否征收的情况进行增减。

深化：此部分内容和费率根据各省市地区的具体规定进行相应增减和调整；且规费为不可竞争费，必须根据相关规定或相关部门对该投标企业审定的费率进行报价，投标人不可对其不报价，也不能随意设定计算基础和费率，由此造成的经济损失和废标情况，自行承担。

## 工程量清单综合单价分析表①

工程名称：某小区园林绿化工程　　　　标段：　　　　第　页　共　页

| 项目编码 | | 010101001002 | | 项目名称 | | 平整场地 | | | | 计量单位 | $m^2$ |
|---|---|---|---|---|---|---|---|---|---|---|---|
| 清单综合单价组成明细 | | | | | | | | | | | |
| 定额编号② | 定额名称 | 定额单位 | 数量⑤ | 单价③ | | | | 合价④ | | | |
| | | | | 人工费 | 材料费 | 机械费 | 管理费和利润 | 人工费 | 材料费 | 机械费 | 管理费和利润 |
| 1-1 | 人工土石方 场地平整 | $m^2$ | 1 | 1.6 | | | 0.56 | 1.6 | | | 0.56 |
| 人工单价⑥ | | | | 小计 | | | | 1.6 | | | 0.56 |
| 综合工日50元/工日 | | | | 未计价材料费⑦ | | | | | | | |
| 清单项目综合单价 | | | | | | | | 2.16 | | | |
| 材料费明细⑧ | 主要材料名称、规格、型号 | | | | | 单位 | 数量 | 单价/元 | 合价/元 | 暂估单价/元 | 暂估合价/元 |
| | | | | | | | | | | | |
| | | | | | | | | | | | |

① 清单分析表

基本点：与《建设工程工程量清单计价规范》（GB 50500—2003）相比，《建设工程工程量清单计价规范》（GB 50500—2008）此表变动较大，内容更详细具体，使综合单价的组成及合理性更易查验。

难点：根据《建设工程工程量清单计价规范》（GB 50500—2008）的有关规定，工程量清单项目是以一个“综合实体”考虑的，一般包括多项工程内容，且当工程实际与工程量清单项目的“可组合主要内容”不同时，“可组合主要内容”可作调整，因此对于一个工程量清单项目的报价应该更具有可分析性和可查换性，所以在《建设工程工程量清单计价规范》（GB 50500—2008）中，工程量清单综合单价分析表作了很大的调整，以避免或减少不平衡报价现象的发生，降低工程变更管理的难度，要求投标人对人、材、机单价，所依据定额编号、含量进行分析列明，还需分析列明综合单价中管理费和利润的金额。在实际工程中，如发生变更，可根据对所依据定额的替换或修改进行调整。如发生材料和人工市场价格超过合同规定风险范围的变化，也可根据此表进行调整，且使发、承包双方在今后的承包过程中有了更可靠且双方认可的依据。对发包人而言，其对投标人的投标报价组成可进行更直观的查验，以防投标人的恶性不平衡报价；对承包人而言，当在实际工程中发生变更或价格的浮动时，可根据合同规定进行合理的调整，而如果投标时没有完备的综合单价分析，当进行索赔和价款调整时，通常十分困难，特别是想获得一个有利的价格更是不可能，因此对综合单价完备的分析，使工程中的变化和风险都有据可查，以免造成双方之间不必要的纠纷。

② 定额编号

基本点：需要表明每一个数据的来源，如使用定额的来源。

③ 单价

基本点：此单价为所使用该定额一个定额单位的价格组成。

④ 合价

基本点：此合价为该工程量清单项的单位工程量的价格组成。

⑤ 数量

基本点：数量为该工程量清单项的单位工程量中所含该定额（一个定额单位）的数量。

⑥ 人工单价

基本点：人工单价为《建设工程工程量清单计价规范》（GB 50500—2008）中新增项目，使工程量清单综合单价的组成更具可查性，使单价组成更明了。

⑦ 未计价材料

基本点：未计价材料费为定额项中只提供定额量而无单价的材料（如主材设备等材料），此类材料未进行管理费和利润的计取，在材料费明细中能体现该类材料的数量和单价。

⑧ 材料费明细

基本点：材料费明细也为《建设工程工程量清单计价规范》（GB 50500—2008）新增项目，作用同人工单价。

（续）

| 项目编码 | | 010101003002 | | 项目名称 | | 挖基础土方 | | | | 计量单位 | $m^3$ |
|---|---|---|---|---|---|---|---|---|---|---|---|
| 清单综合单价组成明细 | | | | | | | | | | | |
| 定额编号 | 定额名称 | 定额单位 | 数量 | 单价 | | | | 合价 | | | |
| | | | | 人工费 | 材料费 | 机械费 | 管理费和利润 | 人工费 | 材料费 | 机械费 | 管理费和利润 |
| 1-3 | 人工土石方 人工挖土基坑 | $m^3$ | 1 | 28.15 | | | 10.02 | 28.15 | | | 10.02 |
| 人工单价 | | | | 小计 | | | | 28.15 | | | 10.02 |
| 综合工日 50 元/工日 | | | | 未计价材料费 | | | | | | | |
| 清单项目综合单价 | | | | | | | | 38.17 | | | |
| 材料费明细 | 主要材料名称、规格、型号 | | | | | 单位 | 数量 | 单价/元 | 合价/元 | 暂估单价/元 | 暂估合价/元 |
| | | | | | | | | | | | |
| | | | | | | | | | | | |

| 项目编码 | | 010302001001 | | 项目名称 | | 实心砖墙 | | | | 计量单位 | $m^3$ |
|---|---|---|---|---|---|---|---|---|---|---|---|
| 清单综合单价组成明细 | | | | | | | | | | | |
| 定额编号 | 定额名称 | 定额单位 | 数量 | 单价 | | | | 合价 | | | |
| | | | | 人工费 | 材料费 | 机械费 | 管理费和利润 | 人工费 | 材料费 | 机械费 | 管理费和利润 |
| 4-2 | 砌砖 砖外墙 | $m^3$ | 1 | 80.09 | 141.64 | 4.47 | 38.71 | 80.09 | 141.64 | 4.47 | 38.71 |
| 人工单价 | | | | 小计 | | | | 80.09 | 141.64 | 4.47 | 38.71 |
| 综合工日 50 元/工日 | | | | 未计价材料费 | | | | | | | |
| 清单项目综合单价 | | | | | | | | 264.91 | | | |
| 材料费明细 | 主要材料名称、规格、型号 | | | | | 单位 | 数量 | 单价/元 | 合价/元 | 暂估单价/元 | 暂估合价/元 |
| | 红机砖 | | | | | 块 | 510.000 | 0.177 | 90.27 | | |
| | M5 水泥砂浆 | | | | | $m^3$ | 0.265 | 185.77 | 49.23 | | |
| | 其他材料费 | | | | | | | — | 2.14 | — | — |
| | 材料费小计 | | | | | | | — | 141.64 | — | |
| | | | | | | | | | | | |

| 项目编码 | | 010402001001 | | 项目名称 | | 现浇混凝土矩形柱 | | | | 计量单位 | $m^3$ |
|---|---|---|---|---|---|---|---|---|---|---|---|
| 清单综合单价组成明细 | | | | | | | | | | | |
| 定额编号 | 定额名称 | 定额单位 | 数量 | 单价 | | | | 合价 | | | |
| | | | | 人工费 | 材料费 | 机械费 | 管理费和利润 | 人工费 | 材料费 | 机械费 | 管理费和利润 |
| 5-17 换 | 现浇混凝土构件 柱 C30 换为（C20 预拌混凝土） | $m^3$ | 1 | 64.04 | 274.06 | 21.97 | 43.49 | 64.04 | 274.06 | 21.97 | 43.49 |
| 人工单价 | | | | 小计 | | | | 64.04 | 274.06 | 21.97 | 43.49 |
| 综合工日 50 元/工日 | | | | 未计价材料费 | | | | | | | |
| 清单项目综合单价 | | | | | | | | 403.56 | | | |
| 材料费明细 | 主要材料名称、规格、型号 | | | | | 单位 | 数量 | 单价/元 | 合价/元 | 暂估单价/元 | 暂估合价/元 |
| | 1:2 水泥砂浆 | | | | | $m^3$ | 0.031 | 295.72 | 9.17 | | |
| | C20 预拌混凝土 | | | | | $m^3$ | 0.986 | | | 265 | 3331.45 |
| | 其他材料费 | | | | | | | — | 3.6 | — | — |
| | 材料费小计 | | | | | | | — | 12.77 | — | 3331.45 |
| | | | | | | | | | | | |

（续）

| 项目编码 | | 010402001002 | | 项目名称 | | 矩形柱 | | | | 计量单位 | $m^3$ |
|---|---|---|---|---|---|---|---|---|---|---|---|
| 清单综合单价组成明细 | | | | | | | | | | | |
| 定额编号 | 定额名称 | 定额单位 | 数量 | 单价 | | | | 合价 | | | |
| | | | | 人工费 | 材料费 | 机械费 | 管理费和利润 | 人工费 | 材料费 | 机械费 | 管理费和利润 |
| 5-17 换 | 现浇混凝土构件 柱 C30 换为（C20 预拌混凝土） | $m^3$ | 1 | 64.04 | 274.06 | 21.97 | 43.49 | 64.04 | 274.06 | 21.97 | 43.49 |
| 人工单价 | | | | 小计 | | | | 64.04 | 274.06 | 21.97 | 43.49 |
| 综合工日 50 元/工日 | | | | 未计价材料费 | | | | | | | |
| 清单项目综合单价 | | | | | | | | 403.56 | | | |
| 材料费明细 | 主要材料名称、规格、型号 | | | | | 单位 | 数量 | 单价/元 | 合价/元 | 暂估单价/元 | 暂估合价/元 |
| | 1:2 水泥砂浆 | | | | | $m^3$ | 0.031 | 295.72 | 9.17 | | |
| | C20 预拌混凝土 | | | | | $m^3$ | 0.986 | | | 265 | 679.35 |
| | 其他材料费 | | | | | | | — | 3.6 | — | — |
| | 材料费小计 | | | | | | | — | 12.77 | — | 679.35 |
| | | | | | | | | | | | |

| 项目编码 | | 010403001001 | | 项目名称 | | 基础梁 | | | | 计量单位 | $m^3$ |
|---|---|---|---|---|---|---|---|---|---|---|---|
| 清单综合单价组成明细 | | | | | | | | | | | |
| 定额编号 | 定额名称 | 定额单位 | 数量 | 单价 | | | | 合价 | | | |
| | | | | 人工费 | 材料费 | 机械费 | 管理费和利润 | 人工费 | 材料费 | 机械费 | 管理费和利润 |
| 5-24 换 | 现浇混凝土构件 梁 C30 换为（C20 预拌混凝土） | $m^3$ | 1 | 54.9 | 273.1 | 21.9 | 40.18 | 54.9 | 273.1 | 21.9 | 40.18 |
| 人工单价 | | | | 小计 | | | | 54.9 | 273.1 | 21.9 | 40.18 |
| 综合工日 50 元/工日 | | | | 未计价材料费 | | | | | | | |
| 清单项目综合单价 | | | | | | | | 390.08 | | | |
| 材料费明细 | 主要材料名称、规格、型号 | | | | | 单位 | 数量 | 单价/元 | 合价/元 | 暂估单价/元 | 暂估合价/元 |
| | C20 预拌混凝土 | | | | | $m^3$ | 1.015 | | | 265 | 1210.39 |
| | 其他材料费 | | | | | | | — | 4.12 | — | — |
| | 材料费小计 | | | | | | | — | 4.12 | — | 1210.39 |
| | | | | | | | | | | | |

（续）

| 项目编码 | | 010416001001 | | 项目名称 | | 现浇混凝土钢筋 | | | | 计量单位 | t |
|---|---|---|---|---|---|---|---|---|---|---|---|
| 清单综合单价组成明细 | | | | | | | | | | | |
| 定额编号 | 定额名称 | 定额单位 | 数量 | 单价 | | | | 合价 | | | |
| | | | | 人工费 | 材料费 | 机械费 | 管理费和利润 | 人工费 | 材料费 | 机械费 | 管理费和利润 |
| 8-1 | 钢筋 $\phi10$ 以内 | t | 0.4 | 283.88 | 3638.84 | 3.73 | 355.95 | 113.55 | 1455.54 | 1.49 | 142.38 |
| 8-2 | 钢筋 $\phi10$ 以外 | t | 0.6 | 263.79 | 3807.93 | 3.76 | 360.64 | 158.27 | 2284.76 | 2.26 | 216.38 |
| 人工单价 | | | | 小计 | | | | 271.82 | 3740.3 | 3.75 | 358.76 |
| 综合工日 50 元/工日 | | | | 未计价材料费 | | | | | | | |
| 清单项目综合单价 | | | | | | | | 4374.63 | | | |
| 材料费明细 | 主要材料名称、规格、型号 | | | | | 单位 | 数量 | 单价/元 | 合价/元 | 暂估单价/元 | 暂估合价/元 |
| | 钢筋 $\phi10$ 以内 | | | | | kg | 410.000 | 3.4 | 1394 | | |
| | 钢筋成型加工及运费 $\phi10$ 以内 | | | | | kg | 410.000 | 0.135 | 55.35 | | |
| | 钢筋 $\phi10$ 以外 | | | | | kg | 615.000 | 3.6 | 2214 | | |
| | 钢筋成型加工及运费 $\phi10$ 以外 | | | | | kg | 615.000 | 0.101 | 62.12 | | |
| | 其他材料费 | | | | | | | — | 14.82 | — | — |
| | 材料费小计 | | | | | | | — | 3740.29 | — | |
| | | | | | | | | | | | |

| 项目编码 | | 020102001001 | | 项目名称 | | 石材楼地面 | | | | 计量单位 | $m^2$ |
|---|---|---|---|---|---|---|---|---|---|---|---|
| 清单综合单价组成明细 | | | | | | | | | | | |
| 定额编号 | 定额名称 | 定额单位 | 数量 | 单价 | | | | 合价 | | | |
| | | | | 人工费 | 材料费 | 机械费 | 管理费和利润 | 人工费 | 材料费 | 机械费 | 管理费和利润 |
| 2-18 | 园路及地面工程 方整石板路面 | $m^2$ | 1 | 18.97 | 77.2 | 0.16 | 12.16 | 18.97 | 77.2 | 0.16 | 12.16 |
| 人工单价 | | | | 小计 | | | | 18.97 | 77.2 | 0.16 | 12.16 |
| 综合工日 50 元/工日 | | | | 未计价材料费 | | | | | | | |
| 清单项目综合单价 | | | | | | | | 108.49 | | | |
| 材料费明细 | 主要材料名称、规格、型号 | | | | | 单位 | 数量/$m^3$ | 单价/元 | 合价/元 | 暂估单价/元 | 暂估合价/元 |
| | M5 混合砂浆 | | | | | $m^3$ | 0.070 | 205.23 | 14.37 | | |
| | 方整石板 $\delta=20\sim25$ | | | | | $m^2$ | 1.030 | 60.09 | 61.89 | | |
| | 其他材料费 | | | | | | | — | 0.94 | — | — |
| | 材料费小计 | | | | | | | — | 77.2 | — | |
| | | | | | | | | | | | |

（续）

| 项目编码 | | 020102001002 | | 项目名称 | | 石材楼地面 | | | 计量单位 | m$^2$ | |
|---|---|---|---|---|---|---|---|---|---|---|---|
| 清单综合单价组成明细 | | | | | | | | | | | |
| 定额编号 | 定额名称 | 定额单位 | 数量 | 单价 | | | | 合价 | | | |
| | | | | 人工费 | 材料费 | 机械费 | 管理费和利润 | 人工费 | 材料费 | 机械费 | 管理费和利润 |
| 2-25 | 园路及地面工程 花岗石地面 厚30mm | m$^2$ | 1 | 23.88 | 230.89 | 1.67 | 24.78 | 23.88 | 230.89 | 1.67 | 24.78 |
| 人工单价 | | | | 小计 | | | | 23.88 | 230.89 | 1.67 | 24.78 |
| 综合工日50元/工日 | | | | 未计价材料费 | | | | | | | |
| 清单项目综合单价 | | | | | | | | 281.22 | | | |
| 材料费明细 | 主要材料名称、规格、型号 | | | | | 单位 | 数量 | 单价/元 | 合价/元 | 暂估单价/元 | 暂估合价/元 |
| | 1:2.5水泥砂浆 | | | | | m$^3$ | 0.030 | 269.27 | 8.08 | | |
| | 花岗石 厚30mm | | | | | m$^2$ | 1.010 | 220 | 222.2 | | |
| | 其他材料费 | | | | | | | — | 0.61 | — | — |
| | 材料费小计 | | | | | | | — | 230.89 | — | |
| | | | | | | | | | | | |

| 项目编码 | | 020102001003 | | 项目名称 | | 石材楼地面 | | | 计量单位 | m$^2$ | |
|---|---|---|---|---|---|---|---|---|---|---|---|
| 清单综合单价组成明细 | | | | | | | | | | | |
| 定额编号 | 定额名称 | 定额单位 | 数量 | 单价 | | | | 合价 | | | |
| | | | | 人工费 | 材料费 | 机械费 | 管理费和利润 | 人工费 | 材料费 | 机械费 | 管理费和利润 |
| 2-25 | 园路及地面工程 花岗石地面 厚30mm | m$^2$ | 1 | 23.88 | 230.89 | 1.67 | 24.78 | 23.88 | 230.89 | 1.67 | 24.78 |
| 人工单价 | | | | 小计 | | | | 23.88 | 230.89 | 1.67 | 24.78 |
| 综合工日50元/工日 | | | | 未计价材料费 | | | | | | | |
| 清单项目综合单价 | | | | | | | | 281.22 | | | |
| 材料费明细 | 主要材料名称、规格、型号 | | | | | 单位 | 数量 | 单价/元 | 合价/元 | 暂估单价/元 | 暂估合价/元 |
| | 1:2.5水泥砂浆 | | | | | m$^3$ | 0.030 | 269.27 | 8.08 | | |
| | 花岗石 厚30mm | | | | | m$^2$ | 1.010 | 220 | 222.2 | | |
| | 其他材料费 | | | | | | | — | 0.61 | — | — |
| | 材料费小计 | | | | | | | — | 230.89 | — | |
| | | | | | | | | | | | |

（续）

| 项目编码 | | 020102001004 | | 项目名称 | | 石材楼地面 | | | | 计量单位 | m$^2$ |
|---|---|---|---|---|---|---|---|---|---|---|---|
| 清单综合单价组成明细 | | | | | | | | | | | |
| 定额编号 | 定额名称 | 定额单位 | 数量 | 单价 | | | | 合价 | | | |
| | | | | 人工费 | 材料费 | 机械费 | 管理费和利润 | 人工费 | 材料费 | 机械费 | 管理费和利润 |
| 2-25 | 园路及地面工程 花岗石地面 厚30mm | m$^2$ | 1 | 23.88 | 230.89 | 1.67 | 24.78 | 23.88 | 230.89 | 1.67 | 24.78 |
| 人工单价 | | | | 小计 | | | | 23.88 | 230.89 | 1.67 | 24.78 |
| 综合工日50元/工日 | | | | 未计价材料费 | | | | | | | |
| 清单项目综合单价 | | | | | | | | 281.22 | | | |
| 材料费明细 | 主要材料名称、规格、型号 | | | | | 单位 | 数量 | 单价/元 | 合价/元 | 暂估单价/元 | 暂估合价/元 |
| | 1:2.5 水泥砂浆 | | | | | m$^3$ | 0.030 | 269.27 | 8.08 | | |
| | 花岗岩 厚30mm | | | | | m$^2$ | 1.010 | 220 | 222.2 | | |
| | 其他材料费 | | | | | | | — | 0.61 | — | — |
| | 材料费小计 | | | | | | | — | 230.89 | — | |
| | | | | | | | | | | | |

| 项目编码 | | 020102001005 | | 项目名称 | | 石材楼地面 | | | | 计量单位 | m$^2$ |
|---|---|---|---|---|---|---|---|---|---|---|---|
| 清单综合单价组成明细 | | | | | | | | | | | |
| 定额编号 | 定额名称 | 定额单位 | 数量 | 单价 | | | | 合价 | | | |
| | | | | 人工费 | 材料费 | 机械费 | 管理费和利润 | 人工费 | 材料费 | 机械费 | 管理费和利润 |
| 2-26 | 园路及地面工程 花岗石地面 厚50mm | m$^2$ | 1 | 24.24 | 294.3 | 1.79 | 29.36 | 24.24 | 294.3 | 1.79 | 29.36 |
| 人工单价 | | | | 小计 | | | | 24.24 | 294.3 | 1.79 | 29.36 |
| 综合工日50元/工日 | | | | 未计价材料费 | | | | | | | |
| 清单项目综合单价 | | | | | | | | 349.69 | | | |
| 材料费明细 | 主要材料名称、规格、型号 | | | | | 单位 | 数量 | 单价/元 | 合价/元 | 暂估单价/元 | 暂估合价/元 |
| | 1:2.5 水泥砂浆 | | | | | m$^3$ | 0.040 | 269.27 | 10.77 | | |
| | 毛面花岗石板50mm | | | | | m$^2$ | 1.010 | 280 | 282.8 | | |
| | 其他材料费 | | | | | | | — | 0.73 | — | — |
| | 材料费小计 | | | | | | | — | 294.3 | — | |
| | | | | | | | | | | | |

（续）

| 项目编码 | | 020205003001 | | 项目名称 | | 块料柱面 | | | | 计量单位 | m² |
|---|---|---|---|---|---|---|---|---|---|---|---|
| 清单综合单价组成明细 | | | | | | | | | | | |
| 定额编号 | 定额名称 | 定额单位 | 数量 | 单价 | | | | 合价 | | | |
| | | | | 人工费 | 材料费 | 机械费 | 管理费和利润 | 人工费 | 材料费 | 机械费 | 管理费和利润 |
| 5-22 | 块料 仿石砖 砂浆粘贴 矩形 勾缝 | m² | 1 | 39.86 | 31.63 | 2.45 | 16.57 | 39.86 | 31.63 | 2.45 | 16.57 |
| 人工单价 | | | | 小计 | | | | 39.86 | 31.63 | 2.45 | 16.57 |
| 综合工日 50 元/工日 | | | | 未计价材料费 | | | | | | | |
| 清单项目综合单价 | | | | | | | | 90.51 | | | |
| 材料费明细 | 主要材料名称、规格、型号 | | | | | 单位 | 数量 | 单价/元 | 合价/元 | 暂估单价/元 | 暂估合价/元 |
| | 水泥综合 | | | | | kg | 8.514 | 0.366 | 3.12 | | |
| | 砂子 | | | | | kg | 23.603 | 0.067 | 1.58 | | |
| | 白灰 | | | | | kg | 1.253 | 0.23 | 0.29 | | |
| | 乳液型建筑胶粘剂 | | | | | kg | 0.043 | 1.6 | 0.07 | | |
| | 仿石砖 0.01m² 以内 | | | | | m² | 0.874 | 27.6 | 24.12 | | |
| | 其他材料费 | | | | | | | — | 2.45 | — | — |
| | 材料费小计 | | | | | | | — | 31.63 | — | |
| | | | | | | | | | | | |
| 项目编码 | | 020301001001 | | 项目名称 | | 顶棚抹灰 | | | | 计量单位 | m² |
| 清单综合单价组成明细 | | | | | | | | | | | |
| 定额编号 | 定额名称 | 定额单位 | 数量 | 单价 | | | | 合价 | | | |
| | | | | 人工费 | 材料费 | 机械费 | 管理费和利润 | 人工费 | 材料费 | 机械费 | 管理费和利润 |
| 2-98 | 顶棚面层装饰 混凝土顶棚抹灰 混合砂浆 现浇板 两遍 | m² | 1 | 8.78 | 2.89 | 0.34 | 3.36 | 8.78 | 2.89 | 0.34 | 3.36 |
| 人工单价 | | | | 小计 | | | | 8.78 | 2.89 | 0.34 | 3.36 |
| 综合工日 50 元/工日 | | | | 未计价材料费 | | | | | | | |
| 清单项目综合单价 | | | | | | | | 15.37 | | | |
| 材料费明细 | 主要材料名称、规格、型号 | | | | | 单位 | 数量 | 单价/元 | 合价/元 | 暂估单价/元 | 暂估合价/元 |
| | 水泥综合 | | | | | kg | 4.620 | 0.366 | 1.69 | | |
| | 砂子 | | | | | kg | 12.476 | 0.067 | 0.84 | | |
| | 建筑胶 | | | | | kg | 0.061 | 1.84 | 0.11 | | |
| | 白灰 | | | | | kg | 0.896 | 0.23 | 0.21 | | |
| | 其他材料费 | | | | | | | — | 0.04 | — | — |
| | 材料费小计 | | | | | | | — | 2.89 | — | |
| | | | | | | | | | | | |

（续）

| 项目编码 | | 050101006001 | | 项目名称 | | 整理绿化用地 | | | | 计量单位 | $m^2$ |
|---|---|---|---|---|---|---|---|---|---|---|---|
| 清单综合单价组成明细 | | | | | | | | | | | |
| 定额编号 | 定额名称 | 定额单位 | 数量 | 单价 | | | | 合价 | | | |
| | | | | 人工费 | 材料费 | 机械费 | 管理费和利润 | 人工费 | 材料费 | 机械费 | 管理费和利润 |
| 1-1 | 人工整理绿化用地 | $m^2$ | 1 | 2.25 | | 0.03 | 0.8 | 2.25 | | 0.03 | 0.8 |
| 1-24 | 机械运渣土 人工装土 | $10m^3$ | 0.01 | 82.5 | | 0.93 | 29.41 | 0.83 | | 0.01 | 0.29 |
| 1-27 | 机械运渣土 外运 10km 以内 | $10m^3$ | 0.01 | | 0.75 | 183.16 | 12.87 | | 0.01 | 1.83 | 0.13 |
| 人工单价 | | | | 小计 | | | | 3.08 | 0.01 | 1.87 | 1.22 |
| 综合工日 50 元/工日 | | | | 未计价材料费 | | | | | | | |
| 清单项目综合单价 | | | | | | | | 6.18 | | | |
| 材料费明细 | 主要材料名称、规格、型号 | | | | | 单位 | 数量 | 单价/元 | 合价/元 | 暂估单价/元 | 暂估合价/元 |
| | 水费 | | | | | t | 0.001 | 6.21 | 0.01 | | |
| | 材料费小计 | | | | | | | — | 0.01 | — | |
| | | | | | | | | | | | |

| 项目编码 | | 050102001001 | | 项目名称 | | 栽植千头椿 | | | | 计量单位 | 株 |
|---|---|---|---|---|---|---|---|---|---|---|---|
| 清单综合单价组成明细 | | | | | | | | | | | |
| 定额编号 | 定额名称 | 定额单位 | 数量 | 单价 | | | | 合价 | | | |
| | | | | 人工费 | 材料费 | 机械费 | 管理费和利润 | 人工费 | 材料费 | 机械费 | 管理费和利润 |
| 2-3 | 普坚土种植 裸根乔木 胸径 10cm 以内 | 株 | 1 | 23.24 | 7.98 | 0.34 | 33.71 | 23.24 | 7.98 | 0.34 | 33.71 |
| 3-25 | 场外运苗 裸根乔木 胸径 10cm 以内 | 株 | 1 | 8.35 | 0.24 | 7 | 3.48 | 8.35 | 0.24 | 7 | 3.48 |
| 6-1 | 后期管理费 乔木及果树 | 株 | 1 | 19 | 21.16 | 2.21 | 8.39 | 19 | 21.16 | 2.21 | 8.39 |
| 人工单价 | | | | 小计 | | | | 50.59 | 29.38 | 9.55 | 45.58 |
| 综合工日 50 元/工日 | | | | 未计价材料费 | | | | 355.25 | | | |
| 清单项目综合单价 | | | | | | | | 490.35 | | | |
| 材料费明细 | 主要材料名称、规格、型号 | | | | | 单位 | 数量 | 单价/元 | 合价/元 | 暂估单价/元 | 暂估合价/元 |
| | 水费 | | | | | t | 3.660 | 6.21 | 22.73 | | |
| | 农药综合 | | | | | kg | 0.100 | 23.4 | 2.34 | | |
| | 肥料综合 | | | | | kg | 0.100 | 1.89 | 0.19 | | |
| | 毛竹尖 | | | | | 根 | 2.000 | 1.3 | 2.6 | | |
| | 千头椿 | | | | | 株 | 1.015 | 350 | 355.25 | | |
| | 其他材料费 | | | | | | | — | 1.52 | — | — |
| | 材料费小计 | | | | | | | — | 384.63 | — | |
| | | | | | | | | | | | |

（续）

| 项目编码 | | 050102001002 | | 项目名称 | | 栽植合欢 | | | 计量单位 | 株 |
|---|---|---|---|---|---|---|---|---|---|---|
| 清单综合单价组成明细 | | | | | | | | | | |
| 定额编号 | 定额名称 | 定额单位 | 数量 | 单价 | | | | 合价 | | |
| | | | | 人工费 | 材料费 | 机械费 | 管理费和利润 | 人工费 | 材料费 | 机械费 | 管理费和利润 |
| 2-3 | 普坚土种植 裸根乔木 胸径 10cm 以内 | 株 | 1 | 23.24 | 7.98 | 0.34 | 26.61 | 23.24 | 7.98 | 0.34 | 26.61 |
| 3-25 | 场外运苗 裸根乔木 胸径 10cm 以内 | 株 | 1 | 8.35 | 0.24 | 7 | 3.48 | 8.35 | 0.24 | 7 | 3.48 |
| 人工单价 | | | | 小计 | | | | 31.59 | 8.22 | 7.34 | 30.09 |
| 综合工日 50 元/工日 | | | | 未计价材料费 | | | | 253.75 | | | |
| 清单项目综合单价 | | | | | | | | 330.98 | | | |
| 材料费明细 | 主要材料名称、规格、型号 | | | | 单位 | 数量 | 单价/元 | 合价/元 | 暂估单价/元 | 暂估合价/元 |
| | 水费 | | | | t | 0.660 | 6.21 | 4.1 | | |
| | 毛竹尖 | | | | 根 | 2.000 | 1.3 | 2.6 | | |
| | 合欢 | | | | 株 | 1.015 | 250 | 253.75 | | |
| | 其他材料费 | | | | | | — | 1.52 | — | — |
| | 材料费小计 | | | | | | — | 261.97 | — | |

| 项目编码 | | 050102001003 | | 项目名称 | | 栽植栾树 | | | 计量单位 | 株 |
|---|---|---|---|---|---|---|---|---|---|---|
| 清单综合单价组成明细 | | | | | | | | | | |
| 定额编号 | 定额名称 | 定额单位 | 数量 | 单价 | | | | 合价 | | |
| | | | | 人工费 | 材料费 | 机械费 | 管理费和利润 | 人工费 | 材料费 | 机械费 | 管理费和利润 |
| 2-3 | 普坚土种植 裸根乔木 胸径 10cm 以内 | 株 | 1 | 23.24 | 7.98 | 0.34 | 23.05 | 23.24 | 7.98 | 0.34 | 23.05 |
| 3-25 | 场外运苗 裸根乔木 胸径 10cm 以内 | 株 | 1 | 8.35 | 0.24 | 7 | 3.48 | 8.35 | 0.24 | 7 | 3.48 |
| 6-1 | 后期管理费 乔木及果树 | 株 | 1 | 19 | 21.16 | 2.21 | 8.39 | 19 | 21.16 | 2.21 | 8.39 |
| 人工单价 | | | | 小计 | | | | 50.59 | 29.38 | 9.55 | 34.92 |
| 综合工日 50 元/工日 | | | | 未计价材料费 | | | | 203.00 | | | |
| 清单项目综合单价 | | | | | | | | 327.44 | | | |
| 材料费明细 | 主要材料名称、规格、型号 | | | | 单位 | 数量 | 单价/元 | 合价/元 | 暂估单价/元 | 暂估合价/元 |
| | 水费 | | | | t | 3.660 | 6.21 | 22.73 | | |
| | 农药综合 | | | | kg | 0.100 | 23.4 | 2.34 | | |
| | 肥料综合 | | | | kg | 0.100 | 1.89 | 0.19 | | |
| | 毛竹尖 | | | | 根 | 2.000 | 1.3 | 2.6 | | |
| | 栾树 | | | | 株 | 1.015 | 200 | 203 | | |
| | 其他材料费 | | | | | | — | 1.52 | — | — |
| | 材料费小计 | | | | | | — | 232.38 | — | |

（续）

| 项目编码 | | 050102001004 | | 项目名称 | | 栽植西府海棠 | | | | 计量单位 | 株 |
|---|---|---|---|---|---|---|---|---|---|---|---|
| 清单综合单价组成明细 | | | | | | | | | | | |
| 定额编号 | 定额名称 | 定额单位 | 数量 | 单价 | | | | 合价 | | | |
| | | | | 人工费 | 材料费 | 机械费 | 管理费和利润 | 人工费 | 材料费 | 机械费 | 管理费和利润 |
| 2-2 | 普坚土种植 裸根乔木 胸径 7cm 以内 | 株 | 1 | 13.18 | 6.92 | 0.19 | 26.49 | 13.18 | 6.92 | 0.19 | 26.49 |
| 3-25 | 场外运苗 裸根乔木 胸径 10cm 以内 | 株 | 1 | 8.35 | 0.24 | 7 | 3.48 | 8.35 | 0.24 | 7 | 3.48 |
| 6-1 | 后期管理费 乔木及果树 | 株 | 1 | 19 | 21.16 | 2.21 | 8.39 | 19 | 21.16 | 2.21 | 8.39 |
| 人工单价 | | | | 小计 | | | | 40.53 | 28.32 | 9.4 | 38.36 |
| 综合工日 50 元/工日 | | | | 未计价材料费 | | | | 304.50 | | | |
| 清单项目综合单价 | | | | | | | | 421.11 | | | |
| 材料费明细 | 主要材料名称、规格、型号 | | | | | 单位 | 数量 | 单价/元 | 合价/元 | 暂估单价/元 | 暂估合价/元 |
| | 水费 | | | | | t | 3.495 | 6.21 | 21.7 | | |
| | 农药综合 | | | | | kg | 0.100 | 23.4 | 2.34 | | |
| | 肥料综合 | | | | | kg | 0.100 | 1.89 | 0.19 | | |
| | 毛竹尖 | | | | | 根 | 2.000 | 1.3 | 2.6 | | |
| | 西府海棠 | | | | | 株 | 1.015 | 300 | 304.5 | | |
| | 其他材料费 | | | | | | | — | 1.49 | — | — |
| | 材料费小计 | | | | | | | — | 332.82 | — | |
| | | | | | | | | | | | |

| 项目编码 | | 050102001005 | | 项目名称 | | 栽植毛白杨 | | | | 计量单位 | 株 |
|---|---|---|---|---|---|---|---|---|---|---|---|
| 清单综合单价组成明细 | | | | | | | | | | | |
| 定额编号 | 定额名称 | 定额单位 | 数量 | 单价 | | | | 合价 | | | |
| | | | | 人工费 | 材料费 | 机械费 | 管理费和利润 | 人工费 | 材料费 | 机械费 | 管理费和利润 |
| 2-3 | 普坚土种植 裸根乔木 胸径 10cm 以内 | 株 | 1 | 23.24 | 7.98 | 0.34 | 40.82 | 23.24 | 7.98 | 0.34 | 40.82 |
| 3-25 | 场外运苗 裸根乔木 胸径 10cm 以内 | 株 | 1 | 8.35 | 0.24 | 7 | 3.48 | 8.35 | 0.24 | 7 | 3.48 |
| 6-1 | 后期管理费 乔木及果树 | 株 | 1 | 19 | 21.16 | 2.21 | 8.39 | 19 | 21.16 | 2.21 | 8.39 |
| 人工单价 | | | | 小计 | | | | 50.59 | 29.38 | 9.55 | 52.69 |
| 综合工日 50 元/工日 | | | | 未计价材料费 | | | | 456.75 | | | |
| 清单项目综合单价 | | | | | | | | 598.95 | | | |
| 材料费明细 | 主要材料名称、规格、型号 | | | | | 单位 | 数量 | 单价/元 | 合价/元 | 暂估单价/元 | 暂估合价/元 |
| | 水费 | | | | | t | 3.660 | 6.21 | 22.73 | | |
| | 农药综合 | | | | | kg | 0.100 | 23.4 | 2.34 | | |
| | 肥料综合 | | | | | kg | 0.100 | 1.89 | 0.19 | | |
| | 毛竹尖 | | | | | 根 | 2.000 | 1.3 | 2.6 | | |
| | 毛白杨 | | | | | 株 | 1.015 | 450 | 456.75 | | |
| | 其他材料费 | | | | | | | — | 1.52 | — | — |
| | 材料费小计 | | | | | | | — | 486.13 | — | |
| | | | | | | | | | | | |

（续）

| 项目编码 | | 050102001006 | | 项目名称 | | 栽植二球悬铃木 | | | | 计量单位 | 株 |
|---|---|---|---|---|---|---|---|---|---|---|---|
| 清单综合单价组成明细 | | | | | | | | | | | |
| 定额编号 | 定额名称 | 定额单位 | 数量 | 单价 | | | | 合价 | | | |
| | | | | 人工费 | 材料费 | 机械费 | 管理费和利润 | 人工费 | 材料费 | 机械费 | 管理费和利润 |
| 2-3 | 普坚土种植 裸根乔木胸径 10cm 以内 | 株 | 1 | 23.24 | 7.98 | 0.34 | 33.71 | 23.24 | 7.98 | 0.34 | 33.71 |
| 3-25 | 场外运苗 裸根乔木 胸径 10cm 以内 | 株 | 1 | 8.35 | 0.24 | 7 | 3.48 | 8.35 | 0.24 | 7 | 3.48 |
| 6-1 | 后期管理费 乔木及果树 | 株 | 1 | 19 | 21.16 | 2.21 | 8.39 | 19 | 21.16 | 2.21 | 8.39 |
| 人工单价 | | | | 小计 | | | | 50.59 | 29.38 | 9.55 | 45.58 |
| 综合工日 50 元/工日 | | | | 未计价材料费 | | | | 355.25 | | | |
| 清单项目综合单价 | | | | | | | | 490.35 | | | |
| 材料费明细 | 主要材料名称、规格、型号 | | | | | 单位 | 数量 | 单价/元 | 合价/元 | 暂估单价/元 | 暂估合价/元 |
| | 水费 | | | | | t | 3.660 | 6.21 | 22.73 | | |
| | 农药综合 | | | | | kg | 0.100 | 23.4 | 2.34 | | |
| | 肥料综合 | | | | | kg | 0.100 | 1.89 | 0.19 | | |
| | 毛竹尖 | | | | | 根 | 2.000 | 1.3 | 2.6 | | |
| | 二球悬铃木 | | | | | 株 | 1.015 | 350 | 355.25 | | |
| | 其他材料费 | | | | | | | — | 1.52 | — | — |
| | 材料费小计 | | | | | | | — | 384.63 | — | |
| | | | | | | | | | | | |

| 项目编码 | | 050102001007 | | 项目名称 | | 栽植紫叶李 | | | | 计量单位 | 株 |
|---|---|---|---|---|---|---|---|---|---|---|---|
| 清单综合单价组成明细 | | | | | | | | | | | |
| 定额编号 | 定额名称 | 定额单位 | 数量 | 单价 | | | | 合价 | | | |
| | | | | 人工费 | 材料费 | 机械费 | 管理费和利润 | 人工费 | 材料费 | 机械费 | 管理费和利润 |
| 2-2 | 普坚土种植 裸根乔木胸径 7cm 以内 | 株 | 1 | 13.18 | 6.92 | 0.19 | 30.04 | 13.18 | 6.92 | 0.19 | 30.04 |
| 3-25 | 场外运苗 裸根乔木 胸径 10cm 以内 | 株 | 1 | 8.35 | 0.24 | 7 | 3.48 | 8.35 | 0.24 | 7 | 3.48 |
| 6-1 | 后期管理费 乔木及果树 | 株 | 1 | 19 | 21.16 | 2.21 | 8.39 | 19 | 21.16 | 2.21 | 8.39 |
| 人工单价 | | | | 小计 | | | | 40.53 | 28.32 | 9.4 | 41.91 |
| 综合工日 50 元/工日 | | | | 未计价材料费 | | | | 355.25 | | | |
| 清单项目综合单价 | | | | | | | | 475.41 | | | |
| 材料费明细 | 主要材料名称、规格、型号 | | | | | 单位 | 数量 | 单价/元 | 合价/元 | 暂估单价/元 | 暂估合价/元 |
| | 水费 | | | | | t | 3.495 | 6.21 | 21.7 | | |
| | 农药综合 | | | | | kg | 0.100 | 23.4 | 2.34 | | |
| | 肥料综合 | | | | | kg | 0.100 | 1.89 | 0.19 | | |
| | 毛竹尖 | | | | | 根 | 2.000 | 1.3 | 2.6 | | |
| | 紫叶李 | | | | | 株 | 1.015 | 350 | 355.25 | | |
| | 其他材料费 | | | | | | | — | 1.49 | — | — |
| | 材料费小计 | | | | | | | — | 383.57 | — | |
| | | | | | | | | | | | |

（续）

| 项目编码 | | | | 050102001008 | | 项目名称 | | 栽植槐树 | | 计量单位 | 株 |
|---|---|---|---|---|---|---|---|---|---|---|---|
| 清单综合单价组成明细 | | | | | | | | | | | |
| 定额编号 | 定额名称 | 定额单位 | 数量 | 单价 | | | | 合价 | | | |
| | | | | 人工费 | 材料费 | 机械费 | 管理费和利润 | 人工费 | 材料费 | 机械费 | 管理费和利润 |
| 2-3 | 普坚土种植 裸根乔木胸径 10cm 以内 | 株 | 1 | 23.24 | 7.98 | 0.34 | 33.71 | 23.24 | 7.98 | 0.34 | 33.71 |
| 3-25 | 场外运苗 裸根乔木 胸径 10cm 以内 | 株 | 1 | 8.35 | 0.24 | 7 | 3.48 | 8.35 | 0.24 | 7 | 3.48 |
| 6-1 | 后期管理费 乔木及果树 | 株 | 1 | 19 | 21.16 | 2.21 | 8.39 | 19 | 21.16 | 2.21 | 8.39 |
| 人工单价 | | | | 小计 | | | | 50.59 | 29.38 | 9.55 | 45.58 |
| 综合工日 50 元/工日 | | | | 未计价材料费 | | | | 355.25 | | | |
| 清单项目综合单价 | | | | | | | | 490.35 | | | |
| 材料费明细 | 主要材料名称、规格、型号 | | | | | 单位 | 数量 | 单价/元 | 合价/元 | 暂估单价/元 | 暂估合价/元 |
| | 水费 | | | | | t | 3.660 | 6.21 | 22.73 | | |
| | 农药综合 | | | | | kg | 0.100 | 23.4 | 2.34 | | |
| | 肥料综合 | | | | | kg | 0.100 | 1.89 | 0.19 | | |
| | 毛竹尖 | | | | | 根 | 2.000 | 1.3 | 2.6 | | |
| | 槐树 | | | | | 株 | 1.015 | 350 | 355.25 | | |
| | 其他材料费 | | | | | | | — | 1.52 | — | — |
| | 材料费小计 | | | | | | | — | 384.63 | — | |
| | | | | | | | | | | | |

| 项目编码 | | | | 050102001009 | | 项目名称 | | 栽植垂柳 | | 计量单位 | 株 |
|---|---|---|---|---|---|---|---|---|---|---|---|
| 清单综合单价组成明细 | | | | | | | | | | | |
| 定额编号 | 定额名称 | 定额单位 | 数量 | 单价 | | | | 合价 | | | |
| | | | | 人工费 | 材料费 | 机械费 | 管理费和利润 | 人工费 | 材料费 | 机械费 | 管理费和利润 |
| 2-3 | 普坚土种植 裸根乔木胸径 10cm 以内 | 株 | 1 | 23.24 | 7.98 | 0.34 | 33.71 | 23.24 | 7.98 | 0.34 | 33.71 |
| 3-25 | 场外运苗 裸根乔木 胸径 10cm 以内 | 株 | 1 | 8.35 | 0.24 | 7 | 3.48 | 8.35 | 0.24 | 7 | 3.48 |
| 6-1 | 后期管理费 乔木及果树 | 株 | 1 | 19 | 21.16 | 2.21 | 8.39 | 19 | 21.16 | 2.21 | 8.39 |
| 人工单价 | | | | 小计 | | | | 50.59 | 29.38 | 9.55 | 45.58 |
| 综合工日 50 元/工日 | | | | 未计价材料费 | | | | 355.25 | | | |
| 清单项目综合单价 | | | | | | | | 490.35 | | | |
| 材料费明细 | 主要材料名称、规格、型号 | | | | | 单位 | 数量 | 单价/元 | 合价/元 | 暂估单价/元 | 暂估合价/元 |
| | 水费 | | | | | t | 3.660 | 6.21 | 22.73 | | |
| | 农药综合 | | | | | kg | 0.100 | 23.4 | 2.34 | | |
| | 肥料综合 | | | | | kg | 0.100 | 1.89 | 0.19 | | |
| | 毛竹尖 | | | | | 根 | 2.000 | 1.3 | 2.6 | | |
| | 垂柳 | | | | | 株 | 1.015 | 350 | 355.25 | | |
| | 其他材料费 | | | | | | | — | 1.52 | — | — |
| | 材料费小计 | | | | | | | — | 384.63 | — | |
| | | | | | | | | | | | |

（续）

| 项目编码 | | 050102001010 | | 项目名称 | | 栽植旱柳 | | | 计量单位 | | 株 |
|---|---|---|---|---|---|---|---|---|---|---|---|
| 清单综合单价组成明细 | | | | | | | | | | | |
| 定额编号 | 定额名称 | 定额单位 | 数量 | 单价 | | | | 合价 | | | |
| | | | | 人工费 | 材料费 | 机械费 | 管理费和利润 | 人工费 | 材料费 | 机械费 | 管理费和利润 |
| 2-3 | 普坚土种植 裸根乔木 胸径 10cm 以内 | 株 | 1 | 23.24 | 7.98 | 0.34 | 33.71 | 23.24 | 7.98 | 0.34 | 33.71 |
| 3-25 | 场外运苗 裸根乔木 胸径 10cm 以内 | 株 | 1 | 8.35 | 0.24 | 7 | 3.48 | 8.35 | 0.24 | 7 | 3.48 |
| 6-1 | 后期管理费 乔木及果树 | 株 | 1 | 19 | 21.16 | 2.21 | 8.39 | 19 | 21.16 | 2.21 | 8.39 |
| 人工单价 | | | | 小计 | | | | 50.59 | 29.38 | 9.55 | 45.58 |
| 综合工日 50 元/工日 | | | | 未计价材料费 | | | | 355.25 | | | |
| 清单项目综合单价 | | | | | | | | 490.35 | | | |
| 材料费明细 | 主要材料名称、规格、型号 | | | | | 单位 | 数量 | 单价/元 | 合价/元 | 暂估单价/元 | 暂估合价/元 |
| | 水费 | | | | | t | 3.660 | 6.21 | 22.73 | | |
| | 农药综合 | | | | | kg | 0.100 | 23.4 | 2.34 | | |
| | 肥料综合 | | | | | kg | 0.100 | 1.89 | 0.19 | | |
| | 毛竹尖 | | | | | 根 | 2.000 | 1.3 | 2.6 | | |
| | 旱柳 | | | | | 株 | 1.015 | 350 | 355.25 | | |
| | 其他材料费 | | | | | | | — | 1.52 | — | — |
| | 材料费小计 | | | | | | | — | 384.63 | — | |
| | | | | | | | | | | | |

| 项目编码 | | 050102001011 | | 项目名称 | | 栽植馒头柳 | | | 计量单位 | | 株 |
|---|---|---|---|---|---|---|---|---|---|---|---|
| 清单综合单价组成明细 | | | | | | | | | | | |
| 定额编号 | 定额名称 | 定额单位 | 数量 | 单价 | | | | 合价 | | | |
| | | | | 人工费 | 材料费 | 机械费 | 管理费和利润 | 人工费 | 材料费 | 机械费 | 管理费和利润 |
| 2-3 | 普坚土种植 裸根乔木 胸径 10cm 以内 | 株 | 1 | 23.24 | 7.98 | 0.34 | 33.71 | 23.24 | 7.98 | 0.34 | 33.71 |
| 3-25 | 场外运苗 裸根乔木 胸径 10cm 以内 | 株 | 1 | 8.35 | 0.24 | 7 | 3.48 | 8.35 | 0.24 | 7 | 3.48 |
| 6-1 | 后期管理费 乔木及果树 | 株 | 1 | 19 | 21.16 | 2.21 | 8.39 | 19 | 21.16 | 2.21 | 8.39 |
| 人工单价 | | | | 小计 | | | | 50.59 | 29.38 | 9.55 | 45.58 |
| 综合工日 50 元/工日 | | | | 未计价材料费 | | | | 355.25 | | | |
| 清单项目综合单价 | | | | | | | | 490.35 | | | |
| 材料费明细 | 主要材料名称、规格、型号 | | | | | 单位 | 数量 | 单价/元 | 合价/元 | 暂估单价/元 | 暂估合价/元 |
| | 水费 | | | | | t | 3.660 | 6.21 | 22.73 | | |
| | 农药综合 | | | | | kg | 0.100 | 23.4 | 2.34 | | |
| | 肥料综合 | | | | | kg | 0.100 | 1.89 | 0.19 | | |
| | 毛竹尖 | | | | | 根 | 2.000 | 1.3 | 2.6 | | |
| | 馒头柳 | | | | | 株 | 1.015 | 350 | 355.25 | | |
| | 其他材料费 | | | | | | | — | 1.52 | — | — |
| | 材料费小计 | | | | | | | — | 384.63 | — | |
| | | | | | | | | | | | |

（续）

| 项目编码 | | 050102001012 | | 项目名称 | | 栽植油松 | | | | 计量单位 | 株 |
|---|---|---|---|---|---|---|---|---|---|---|---|
| 清单综合单价组成明细 | | | | | | | | | | | |
| 定额编号 | 定额名称 | 定额单位 | 数量 | 单价 | | | | 合价 | | | |
| | | | | 人工费 | 材料费 | 机械费 | 管理费和利润 | 人工费 | 材料费 | 机械费 | 管理费和利润 |
| 2-3 | 普坚土种植 裸根乔木 胸径10cm以内 | 株 | 1 | 23.24 | 7.98 | 0.34 | 33.71 | 23.24 | 7.98 | 0.34 | 33.71 |
| 3-25 | 场外运苗 裸根乔木 胸径10cm以内 | 株 | 1 | 8.35 | 0.24 | 7 | 3.48 | 8.35 | 0.24 | 7 | 3.48 |
| 6-1 | 后期管理费 乔木及果树 | 株 | 1 | 19 | 21.16 | 2.21 | 8.39 | 19 | 21.16 | 2.21 | 8.39 |
| 人工单价 | | | | 小计 | | | | 50.59 | 29.38 | 9.55 | 45.58 |
| 综合工日50元/工日 | | | | 未计价材料费 | | | | 355.25 | | | |
| 清单项目综合单价 | | | | | | | | 490.35 | | | |
| 材料费明细 | 主要材料名称、规格、型号 | | | | | 单位 | 数量 | 单价/元 | 合价/元 | 暂估单价/元 | 暂估合价/元 |
| | 水费 | | | | | t | 3.660 | 6.21 | 22.73 | | |
| | 农药综合 | | | | | kg | 0.100 | 23.4 | 2.34 | | |
| | 肥料综合 | | | | | kg | 0.100 | 1.89 | 0.19 | | |
| | 毛竹尖 | | | | | 根 | 2.000 | 1.3 | 2.6 | | |
| | 油松 | | | | | 株 | 1.015 | 350 | 355.25 | | |
| | 其他材料费 | | | | | | | — | 1.52 | — | — |
| | 材料费小计 | | | | | | | — | 384.63 | — | |
| | | | | | | | | | | | |

| 项目编码 | | 050102001013 | | 项目名称 | | 栽植云杉 | | | | 计量单位 | 株 |
|---|---|---|---|---|---|---|---|---|---|---|---|
| 清单综合单价组成明细 | | | | | | | | | | | |
| 定额编号 | 定额名称 | 定额单位 | 数量 | 单价 | | | | 合价 | | | |
| | | | | 人工费 | 材料费 | 机械费 | 管理费和利润 | 人工费 | 材料费 | 机械费 | 管理费和利润 |
| 2-3 | 普坚土种植 裸根乔木 胸径10cm以内 | 株 | 1 | 23.24 | 7.98 | 0.34 | 33.71 | 23.24 | 7.98 | 0.34 | 33.71 |
| 3-25 | 场外运苗 裸根乔木 胸径10cm以内 | 株 | 1 | 8.35 | 0.24 | 7 | 3.48 | 8.35 | 0.24 | 7 | 3.48 |
| 6-1 | 后期管理费 乔木及果树 | 株 | 1 | 19 | 21.16 | 2.21 | 8.39 | 19 | 21.16 | 2.21 | 8.39 |
| 人工单价 | | | | 小计 | | | | 50.59 | 29.38 | 9.55 | 45.58 |
| 综合工日50元/工日 | | | | 未计价材料费 | | | | 355.25 | | | |
| 清单项目综合单价 | | | | | | | | 490.35 | | | |
| 材料费明细 | 主要材料名称、规格、型号 | | | | | 单位 | 数量 | 单价/元 | 合价/元 | 暂估单价/元 | 暂估合价/元 |
| | 水费 | | | | | t | 3.660 | 6.21 | 22.73 | | |
| | 农药综合 | | | | | kg | 0.100 | 23.4 | 2.34 | | |
| | 肥料综合 | | | | | kg | 0.100 | 1.89 | 0.19 | | |
| | 毛竹尖 | | | | | 根 | 2.000 | 1.3 | 2.6 | | |
| | 云杉 | | | | | 株 | 1.015 | 350 | 355.25 | | |
| | 其他材料费 | | | | | | | — | 1.52 | — | — |
| | 材料费小计 | | | | | | | — | 384.63 | — | |
| | | | | | | | | | | | |

（续）

| 项目编码 | | 050102001014 | | 项目名称 | | 栽植河南桧 | | | | 计量单位 | 株 |
|---|---|---|---|---|---|---|---|---|---|---|---|
| 清单综合单价组成明细 | | | | | | | | | | | |
| 定额编号 | 定额名称 | 定额单位 | 数量 | 单价 | | | | 合价 | | | |
| | | | | 人工费 | 材料费 | 机械费 | 管理费和利润 | 人工费 | 材料费 | 机械费 | 管理费和利润 |
| 2-3 | 普坚土种植 裸根乔木 胸径10cm以内 | 株 | 1 | 23.24 | 7.98 | 0.34 | 33.71 | 23.24 | 7.98 | 0.34 | 33.71 |
| 3-25 | 场外运苗 裸根乔木 胸径10cm以内 | 株 | 1 | 8.35 | 0.24 | 7 | 3.48 | 8.35 | 0.24 | 7 | 3.48 |
| 6-1 | 后期管理费 乔木及果树 | 株 | 1 | 19 | 21.16 | 2.21 | 8.39 | 19 | 21.16 | 2.21 | 8.39 |
| 人工单价 | | | | 小计 | | | | 50.59 | 29.38 | 9.55 | 45.58 |
| 综合工日50元/工日 | | | | 未计价材料费 | | | | 355.25 | | | |
| 清单项目综合单价 | | | | | | | | 490.35 | | | |
| 材料费明细 | 主要材料名称、规格、型号 | | | | | 单位 | 数量 | 单价/元 | 合价/元 | 暂估单价/元 | 暂估合价/元 |
| | 水费 | | | | | t | 3.660 | 6.21 | 22.73 | | |
| | 农药综合 | | | | | kg | 0.100 | 23.4 | 2.34 | | |
| | 肥料综合 | | | | | kg | 0.100 | 1.89 | 0.19 | | |
| | 毛竹尖 | | | | | 根 | 2.000 | 1.3 | 2.6 | | |
| | 河南桧 | | | | | 株 | 1.015 | 350 | 355.25 | | |
| | 其他材料费 | | | | | | | — | 1.52 | — | — |
| | 材料费小计 | | | | | | | — | 384.63 | — | |

| 项目编码 | | 050102002001 | | 项目名称 | | 栽植早园竹 | | | | 计量单位 | 株 |
|---|---|---|---|---|---|---|---|---|---|---|---|
| 清单综合单价组成明细 | | | | | | | | | | | |
| 定额编号 | 定额名称 | 定额单位 | 数量 | 单价 | | | | 合价 | | | |
| | | | | 人工费 | 材料费 | 机械费 | 管理费和利润 | 人工费 | 材料费 | 机械费 | 管理费和利润 |
| 2-35 | 普坚土种植 丛生竹 | 株丛 | 1 | 9.71 | 4.03 | 0.14 | 9.57 | 9.71 | 4.03 | 0.14 | 9.57 |
| 6-8 | 后期管理费 丛生竹 | 株丛 | 1 | 6.5 | 3.86 | 1.48 | 2.69 | 6.5 | 3.86 | 1.48 | 2.69 |
| 人工单价 | | | | 小计 | | | | 16.21 | 7.89 | 1.62 | 12.26 |
| 综合工日50元/工日 | | | | 未计价材料费 | | | | 83.20 | | | |
| 清单项目综合单价 | | | | | | | | 121.18 | | | |
| 材料费明细 | 主要材料名称、规格、型号 | | | | | 单位 | 数量 | 单价/元 | 合价/元 | 暂估单价/元 | 暂估合价/元 |
| | 水费 | | | | | t | 0.730 | 6.21 | 4.53 | | |
| | 农药综合 | | | | | kg | 0.050 | 23.4 | 1.17 | | |
| | 肥料综合 | | | | | kg | 1.001 | 1.89 | 1.89 | | |
| | 早园竹 | | | | | 株丛 | 1.040 | 80 | 83.2 | | |
| | 其他材料费 | | | | | | | — | 0.29 | — | — |
| | 材料费小计 | | | | | | | — | 91.08 | — | |

（续）

| 项目编码 | | 050102004001 | | 项目名称 | | 栽植紫珠 | | | | 计量单位 | 株 |
|---|---|---|---|---|---|---|---|---|---|---|---|
| 清单综合单价组成明细 | | | | | | | | | | | |
| 定额编号 | 定额名称 | 定额单位 | 数量 | 单价 | | | | 合价 | | | |
| | | | | 人工费 | 材料费 | 机械费 | 管理费和利润 | 人工费 | 材料费 | 机械费 | 管理费和利润 |
| 2-8 | 普坚土种植 裸根灌木高度1.5m以内 | 株 | 1 | 4.53 | 2.05 | 0.07 | 6.02 | 4.53 | 2.05 | 0.07 | 6.02 |
| 6-2 | 后期管理费 灌木 | 株 | 1 | 9 | 7.73 | 1.51 | 3.86 | 9 | 7.73 | 1.51 | 3.86 |
| 人工单价 | | | | 小计 | | | | 13.53 | 9.78 | 1.58 | 9.88 |
| 综合工日50元/工日 | | | | 未计价材料费 | | | | 60.90 | | | |
| 清单项目综合单价 | | | | | | | | 95.67 | | | |
| 材料费明细 | 主要材料名称、规格、型号 | | | | | 单位 | 数量 | 单价/元 | 合价/元 | 暂估单价/元 | 暂估合价/元 |
| | 水费 | | | | | t | 1.330 | 6.21 | 8.26 | | |
| | 农药综合 | | | | | kg | 0.060 | 23.4 | 1.4 | | |
| | 肥料综合 | | | | | kg | 0.060 | 1.89 | 0.11 | | |
| | 紫珠 | | | | | 株 | 1.015 | 60 | 60.9 | | |
| | 材料费小计 | | | | | | | — | 70.67 | — | |
| | | | | | | | | | | | |

| 项目编码 | | 050102004002 | | 项目名称 | | 栽植平枝栒子 | | | | 计量单位 | 株 |
|---|---|---|---|---|---|---|---|---|---|---|---|
| 清单综合单价组成明细 | | | | | | | | | | | |
| 定额编号 | 定额名称 | 定额单位 | 数量 | 单价 | | | | 合价 | | | |
| | | | | 人工费 | 材料费 | 机械费 | 管理费和利润 | 人工费 | 材料费 | 机械费 | 管理费和利润 |
| 2-8 | 普坚土种植 裸根灌木高度1.5m以内 | 株 | 1 | 4.53 | 2.05 | 0.07 | 5.31 | 4.53 | 2.05 | 0.07 | 5.31 |
| 6-2 | 后期管理费 灌木 | 株 | 1 | 9 | 7.73 | 1.51 | 3.86 | 9 | 7.73 | 1.51 | 3.86 |
| 人工单价 | | | | 小计 | | | | 13.53 | 9.78 | 1.58 | 9.17 |
| 综合工日50元/工日 | | | | 未计价材料费 | | | | 50.75 | | | |
| 清单项目综合单价 | | | | | | | | 84.81 | | | |
| 材料费明细 | 主要材料名称、规格、型号 | | | | | 单位 | 数量 | 单价/元 | 合价/元 | 暂估单价/元 | 暂估合价/元 |
| | 水费 | | | | | t | 1.330 | 6.21 | 8.26 | | |
| | 农药综合 | | | | | kg | 0.060 | 23.4 | 1.4 | | |
| | 肥料综合 | | | | | kg | 0.060 | 1.89 | 0.11 | | |
| | 平枝栒子 | | | | | 株 | 1.015 | 50 | 50.75 | | |
| | 材料费小计 | | | | | | | — | 60.52 | — | |
| | | | | | | | | | | | |

（续）

| 项目编码 | | 050102004003 | | 项目名称 | | 栽植海州常山 | | | | 计量单位 | 株 |
|---|---|---|---|---|---|---|---|---|---|---|---|
| 清单综合单价组成明细 | | | | | | | | | | | |
| 定额编号 | 定额名称 | 定额单位 | 数量 | 单价 | | | | 合价 | | | |
| | | | | 人工费 | 材料费 | 机械费 | 管理费和利润 | 人工费 | 材料费 | 机械费 | 管理费和利润 |
| 2-8 | 普坚土种植 裸根灌木高度1.5m以内 | 株 | 1 | 4.53 | 2.05 | 0.07 | 12.42 | 4.53 | 2.05 | 0.07 | 12.42 |
| 6-2 | 后期管理费 灌木 | 株 | 1 | 9 | 7.73 | 1.51 | 3.86 | 9 | 7.73 | 1.51 | 3.86 |
| 人工单价 | | | | 小计 | | | | 13.53 | 9.78 | 1.58 | 16.28 |
| 综合工日50元/工日 | | | | 未计价材料费 | | | | 152.25 | | | |
| 清单项目综合单价 | | | | | | | | 193.4 | | | |
| 材料费明细 | 主要材料名称、规格、型号 | | | | | 单位 | 数量 | 单价/元 | 合价/元 | 暂估单价/元 | 暂估合价/元 |
| | 水费 | | | | | t | 1.330 | 6.21 | 8.26 | | |
| | 农药综合 | | | | | kg | 0.060 | 23.4 | 1.4 | | |
| | 肥料综合 | | | | | kg | 0.060 | 1.89 | 0.11 | | |
| | 海州常山 | | | | | 株 | 1.015 | 150 | 152.25 | | |
| | 材料费小计 | | | | | | | — | 162.02 | — | |
| | | | | | | | | | | | |

| 项目编码 | | 050102004004 | | 项目名称 | | 栽植“主教”红端木 | | | | 计量单位 | 株 |
|---|---|---|---|---|---|---|---|---|---|---|---|
| 清单综合单价组成明细 | | | | | | | | | | | |
| 定额编号 | 定额名称 | 定额单位 | 数量 | 单价 | | | | 合价 | | | |
| | | | | 人工费 | 材料费 | 机械费 | 管理费和利润 | 人工费 | 材料费 | 机械费 | 管理费和利润 |
| 2-8 | 普坚土种植 裸根灌木高度1.5m以内 | 株 | 1 | 4.53 | 2.05 | 0.07 | 12.42 | 4.53 | 2.05 | 0.07 | 12.42 |
| 6-2 | 后期管理费 灌木 | 株 | 1 | 9 | 7.73 | 1.51 | 3.86 | 9 | 7.73 | 1.51 | 3.86 |
| 人工单价 | | | | 小计 | | | | 13.53 | 9.78 | 1.58 | 16.28 |
| 综合工日50元/工日 | | | | 未计价材料费 | | | | 152.25 | | | |
| 清单项目综合单价 | | | | | | | | 193.42 | | | |
| 材料费明细 | 主要材料名称、规格、型号 | | | | | 单位 | 数量 | 单价/元 | 合价/元 | 暂估单价/元 | 暂估合价/元 |
| | 水费 | | | | | t | 1.330 | 6.21 | 8.26 | | |
| | 农药综合 | | | | | kg | 0.060 | 23.4 | 1.4 | | |
| | 肥料综合 | | | | | kg | 0.060 | 1.89 | 0.11 | | |
| | “主教”红端木 | | | | | 株 | 1.015 | 150 | 152.25 | | |
| | 材料费小计 | | | | | | | — | 162.02 | — | |
| | | | | | | | | | | | |

（续）

| 项目编码 | | 050102004005 | | 项目名称 | | 栽植黄栌 | | | | 计量单位 | 株 |
|---|---|---|---|---|---|---|---|---|---|---|---|
| 清单综合单价组成明细 | | | | | | | | | | | |
| 定额编号 | 定额名称 | 定额单位 | 数量 | 单价 | | | | 合价 | | | |
| | | | | 人工费 | 材料费 | 机械费 | 管理费和利润 | 人工费 | 材料费 | 机械费 | 管理费和利润 |
| 2-10 | 普坚土种植 裸根灌木高度 2.0m 以内 | 株 | 1 | 7.75 | 3.07 | 0.11 | 10.09 | 7.75 | 3.07 | 0.11 | 10.09 |
| 6-2 | 后期管理费 灌木 | 株 | 1 | 9 | 7.73 | 1.51 | 3.86 | 9 | 7.73 | 1.51 | 3.86 |
| 人工单价 | | | | 小计 | | | | 16.75 | 10.8 | 1.62 | 13.95 |
| 综合工日 50 元/工日 | | | | 未计价材料费 | | | | 101.50 | | | |
| 清单项目综合单价 | | | | | | | | 144.62 | | | |
| 材料费明细 | 主要材料名称、规格、型号 | | | | 单位 | 数量 | 单价/元 | 合价/元 | 暂估单价/元 | 暂估合价/元 | |
| | 水费 | | | | t | 1.495 | 6.21 | 9.28 | | | |
| | 农药综合 | | | | kg | 0.060 | 23.4 | 1.4 | | | |
| | 肥料综合 | | | | kg | 0.060 | 1.89 | 0.11 | | | |
| | 黄栌 | | | | 株 | 1.015 | 100 | 101.5 | | | |
| | 材料费小计 | | | | | | — | 112.29 | — | | |
| | | | | | | | | | | | |

| 项目编码 | | 050102004006 | | 项目名称 | | 栽植连翘 | | | | 计量单位 | 株 |
|---|---|---|---|---|---|---|---|---|---|---|---|
| 清单综合单价组成明细 | | | | | | | | | | | |
| 定额编号 | 定额名称 | 定额单位 | 数量 | 单价 | | | | 合价 | | | |
| | | | | 人工费 | 材料费 | 机械费 | 管理费和利润 | 人工费 | 材料费 | 机械费 | 管理费和利润 |
| 2-8 | 普坚土种植 裸根灌木高度 1.5m 以内 | 株 | 1 | 4.53 | 2.05 | 0.07 | 12.42 | 4.53 | 2.05 | 0.07 | 12.42 |
| 6-2 | 后期管理费 灌木 | 株 | 1 | 9 | 7.73 | 1.51 | 3.86 | 9 | 7.73 | 1.51 | 3.86 |
| 人工单价 | | | | 小计 | | | | 13.53 | 9.78 | 1.58 | 16.28 |
| 综合工日 50 元/工日 | | | | 未计价材料费 | | | | 152.25 | | | |
| 清单项目综合单价 | | | | | | | | 193.42 | | | |
| 材料费明细 | 主要材料名称、规格、型号 | | | | 单位 | 数量 | 单价/元 | 合价/元 | 暂估单价/元 | 暂估合价/元 | |
| | 水费 | | | | t | 1.330 | 6.21 | 8.26 | | | |
| | 农药综合 | | | | kg | 0.060 | 23.4 | 1.4 | | | |
| | 肥料综合 | | | | kg | 0.060 | 1.89 | 0.11 | | | |
| | 连翘 | | | | 株 | 1.015 | 150 | 152.25 | | | |
| | 材料费小计 | | | | | | — | 162.02 | — | | |
| | | | | | | | | | | | |

（续）

| 项目编码 | 050102004007 | 项目名称 | 栽植木槿 | 计量单位 | 株 |
|---|---|---|---|---|---|

清单综合单价组成明细

| 定额编号 | 定额名称 | 定额单位 | 数量 | 单价 | | | | 合价 | | | |
|---|---|---|---|---|---|---|---|---|---|---|---|
| | | | | 人工费 | 材料费 | 机械费 | 管理费和利润 | 人工费 | 材料费 | 机械费 | 管理费和利润 |
| 2-9 | 普坚土种植 裸根灌木 高度 1.8m 以内 | 株 | 1 | 5.99 | 2.05 | 0.09 | 9.39 | 5.99 | 2.05 | 0.09 | 9.39 |
| 6-2 | 后期管理费 灌木 | 株 | 1 | 9 | 7.73 | 1.51 | 3.86 | 9 | 7.73 | 1.51 | 3.86 |
| 人工单价 | | | | 小计 | | | | 14.99 | 9.78 | 1.6 | 13.25 |
| 综合工日 50 元/工日 | | | | 未计价材料费 | | | | 101.50 | | | |
| 清单项目综合单价 | | | | | | | | 141.11 | | | |

| 材料费明细 | 主要材料名称、规格、型号 | 单位 | 数量 | 单价/元 | 合价/元 | 暂估单价/元 | 暂估合价/元 |
|---|---|---|---|---|---|---|---|
| | 水费 | t | 1.330 | 6.21 | 8.26 | | |
| | 农药综合 | kg | 0.060 | 23.4 | 1.4 | | |
| | 肥料综合 | kg | 0.060 | 1.89 | 0.11 | | |
| | 木槿 | 株 | 1.015 | 100 | 101.5 | | |
| | 材料费小计 | | | — | 111.22 | — | |
| | | | | | | | |

| 项目编码 | 050102004008 | 项目名称 | 栽植重瓣棣棠花 | 计量单位 | 株 |
|---|---|---|---|---|---|

清单综合单价组成明细

| 定额编号 | 定额名称 | 定额单位 | 数量 | 单价 | | | | 合价 | | | |
|---|---|---|---|---|---|---|---|---|---|---|---|
| | | | | 人工费 | 材料费 | 机械费 | 管理费和利润 | 人工费 | 材料费 | 机械费 | 管理费和利润 |
| 2-8 | 普坚土种植 裸根灌木 高度 1.5m 以内 | 株 | 1 | 4.53 | 2.05 | 0.07 | 5.31 | 4.53 | 2.05 | 0.07 | 5.31 |
| 6-2 | 后期管理费 灌木 | 株 | 1 | 9 | 7.73 | 1.51 | 3.86 | 9 | 7.73 | 1.51 | 3.86 |
| 人工单价 | | | | 小计 | | | | 13.53 | 9.78 | 1.58 | 9.17 |
| 综合工日 50 元/工日 | | | | 未计价材料费 | | | | 50.75 | | | |
| 清单项目综合单价 | | | | | | | | 84.81 | | | |

| 材料费明细 | 主要材料名称、规格、型号 | 单位 | 数量 | 单价/元 | 合价/元 | 暂估单价/元 | 暂估合价/元 |
|---|---|---|---|---|---|---|---|
| | 水费 | t | 1.330 | 6.21 | 8.26 | | |
| | 农药综合 | kg | 0.060 | 23.4 | 1.4 | | |
| | 肥料综合 | kg | 0.060 | 1.89 | 0.11 | | |
| | 重瓣棣棠花 | 株 | 1.015 | 50 | 50.75 | | |
| | 材料费小计 | | | — | 60.52 | — | |
| | | | | | | | |

（续）

| 项目编码 | | 050102004009 | | 项目名称 | | 栽植棣棠花 | | | 计量单位 | | 株 |
|---|---|---|---|---|---|---|---|---|---|---|---|
| 清单综合单价组成明细 | | | | | | | | | | | |
| 定额编号 | 定额名称 | 定额单位 | 数量 | 单价 | | | | 合价 | | | |
| | | | | 人工费 | 材料费 | 机械费 | 管理费和利润 | 人工费 | 材料费 | 机械费 | 管理费和利润 |
| 2-8 | 普坚土种植 裸根灌木高度1.5m以内 | 株 | 1 | 4.53 | 2.05 | 0.07 | 7.44 | 4.53 | 2.05 | 0.07 | 7.44 |
| 6-2 | 后期管理费 灌木 | 株 | 1 | 9 | 7.73 | 1.51 | 3.86 | 9 | 7.73 | 1.51 | 3.86 |
| 人工单价 | | | | 小计 | | | | 13.53 | 9.78 | 1.58 | 11.3 |
| 综合工日50元/工日 | | | | 未计价材料费 | | | | 81.20 | | | |
| 清单项目综合单价 | | | | | | | | 117.38 | | | |
| 材料费明细 | 主要材料名称、规格、型号 | | | | | 单位 | 数量 | 单价/元 | 合价/元 | 暂估单价/元 | 暂估合价/元 |
| | 水费 | | | | | t | 1.330 | 6.21 | 8.26 | | |
| | 农药综合 | | | | | kg | 0.060 | 23.4 | 1.4 | | |
| | 肥料综合 | | | | | kg | 0.060 | 1.89 | 0.11 | | |
| | 棣棠花 | | | | | 株 | 1.015 | 80 | 81.2 | | |
| | 材料费小计 | | | | | | | — | 90.97 | — | |
| | | | | | | | | | | | |

| 项目编码 | | 050102004010 | | 项目名称 | | 栽植紫薇 | | | 计量单位 | | 株 |
|---|---|---|---|---|---|---|---|---|---|---|---|
| 清单综合单价组成明细 | | | | | | | | | | | |
| 定额编号 | 定额名称 | 定额单位 | 数量 | 单价 | | | | 合价 | | | |
| | | | | 人工费 | 材料费 | 机械费 | 管理费和利润 | 人工费 | 材料费 | 机械费 | 管理费和利润 |
| 2-9 | 普坚土种植 裸根灌木高度1.8m以内 | 株 | 1 | 5.99 | 2.05 | 0.09 | 7.97 | 5.99 | 2.05 | 0.09 | 7.97 |
| 6-2 | 后期管理费 灌木 | 株 | 1 | 9 | 7.73 | 1.51 | 3.86 | 9 | 7.73 | 1.51 | 3.86 |
| 人工单价 | | | | 小计 | | | | 14.99 | 9.78 | 1.6 | 11.83 |
| 综合工日50元/工日 | | | | 未计价材料费 | | | | 81.20 | | | |
| 清单项目综合单价 | | | | | | | | 119.39 | | | |
| 材料费明细 | 主要材料名称、规格、型号 | | | | | 单位 | 数量 | 单价/元 | 合价/元 | 暂估单价/元 | 暂估合价/元 |
| | 水费 | | | | | t | 1.330 | 6.21 | 8.26 | | |
| | 农药综合 | | | | | kg | 0.060 | 23.4 | 1.4 | | |
| | 肥料综合 | | | | | kg | 0.060 | 1.89 | 0.11 | | |
| | 紫薇 | | | | | 株 | 1.015 | 80 | 81.2 | | |
| | 材料费小计 | | | | | | | — | 90.97 | — | |
| | | | | | | | | | | | |

（续）

| 项目编码 | 050102004011 | 项目名称 | 栽植金银木 | 计量单位 | 株 | | | | | | |
|---|---|---|---|---|---|---|---|---|---|---|---|
| 清单综合单价组成明细 | | | | | | | | | | | |
| 定额编号 | 定额名称 | 定额单位 | 数量 | 单价 | | | | 合价 | | | |
| | | | | 人工费 | 材料费 | 机械费 | 管理费和利润 | 人工费 | 材料费 | 机械费 | 管理费和利润 |
| 2-8 | 普坚土种植 裸根灌木 高度 1.5m 以内 | 株 | 1 | 4.53 | 2.05 | 0.07 | 7.44 | 4.53 | 2.05 | 0.07 | 7.44 |
| 6-2 | 后期管理费 灌木 | 株 | 1 | 9 | 7.73 | 1.51 | 3.86 | 9 | 7.73 | 1.51 | 3.86 |
| 人工单价 | | | | 小计 | | | | 13.53 | 9.78 | 1.58 | 11.3 |
| 综合工日 50 元/工日 | | | | 未计价材料费 | | | | 81.20 | | | |
| 清单项目综合单价 | | | | | | | | 117.38 | | | |

| 材料费明细 | 主要材料名称、规格、型号 | 单位 | 数量 | 单价/元 | 合价/元 | 暂估单价/元 | 暂估合价/元 |
|---|---|---|---|---|---|---|---|
| | 水费 | t | 1.330 | 6.21 | 8.26 | | |
| | 农药综合 | kg | 0.060 | 23.4 | 1.4 | | |
| | 肥料综合 | kg | 0.060 | 1.89 | 0.11 | | |
| | 金银木 | 株 | 1.015 | 80 | 81.2 | | |
| | 材料费小计 | | | — | 90.97 | — | |
| | | | | | | | |

| 项目编码 | 050102004012 | 项目名称 | 栽植黄刺玫 | 计量单位 | 株 | | | | | | |
|---|---|---|---|---|---|---|---|---|---|---|---|
| 清单综合单价组成明细 | | | | | | | | | | | |
| 定额编号 | 定额名称 | 定额单位 | 数量 | 单价 | | | | 合价 | | | |
| | | | | 人工费 | 材料费 | 机械费 | 管理费和利润 | 人工费 | 材料费 | 机械费 | 管理费和利润 |
| 2-8 | 普坚土种植 裸根灌木 高度 1.5m 以内 | 株 | 1 | 4.53 | 2.05 | 0.07 | 7.44 | 4.53 | 2.05 | 0.07 | 7.44 |
| 6-2 | 后期管理费 灌木 | 株 | 1 | 9 | 7.73 | 1.51 | 3.86 | 9 | 7.73 | 1.51 | 3.86 |
| 人工单价 | | | | 小计 | | | | 13.53 | 9.78 | 1.58 | 11.3 |
| 综合工日 50 元/工日 | | | | 未计价材料费 | | | | 81.20 | | | |
| 清单项目综合单价 | | | | | | | | 117.39 | | | |

| 材料费明细 | 主要材料名称、规格、型号 | 单位 | 数量 | 单价/元 | 合价/元 | 暂估单价/元 | 暂估合价/元 |
|---|---|---|---|---|---|---|---|
| | 水费 | t | 1.330 | 6.21 | 8.26 | | |
| | 农药综合 | kg | 0.060 | 23.4 | 1.4 | | |
| | 肥料综合 | kg | 0.060 | 1.89 | 0.11 | | |
| | 黄刺玫 | 株 | 1.015 | 80 | 81.2 | | |
| | 材料费小计 | | | — | 90.97 | — | |
| | | | | | | | |

（续）

| 项目编码 | | 050102004013 | | 项目名称 | | 栽植华北珍珠梅 | | | | 计量单位 | 株 |
|---|---|---|---|---|---|---|---|---|---|---|---|
| 清单综合单价组成明细 | | | | | | | | | | | |
| 定额编号 | 定额名称 | 定额单位 | 数量 | 单价 | | | | 合价 | | | |
| | | | | 人工费 | 材料费 | 机械费 | 管理费和利润 | 人工费 | 材料费 | 机械费 | 管理费和利润 |
| 2-8 | 普坚土种植 裸根灌木高度 1.5m 以内 | 株 | 1 | 4.53 | 2.05 | 0.07 | 6.02 | 4.53 | 2.05 | 0.07 | 6.02 |
| 6-2 | 后期管理费 灌木 | 株 | 1 | 9 | 7.73 | 1.51 | 3.86 | 9 | 7.73 | 1.51 | 3.86 |
| 人工单价 | | | | 小计 | | | | 13.53 | 9.78 | 1.58 | 9.88 |
| 综合工日 50 元/工日 | | | | 未计价材料费 | | | | 60.90 | | | |
| 清单项目综合单价 | | | | | | | | 95.67 | | | |
| 材料费明细 | 主要材料名称、规格、型号 | | | | | 单位 | 数量 | 单价/元 | 合价/元 | 暂估单价/元 | 暂估合价/元 |
| | 水费 | | | | | t | 1.330 | 6.21 | 8.26 | | |
| | 农药综合 | | | | | kg | 0.060 | 23.4 | 1.4 | | |
| | 肥料综合 | | | | | kg | 0.060 | 1.89 | 0.11 | | |
| | 华北珍珠梅 | | | | | 株 | 1.015 | 60 | 60.9 | | |
| | 材料费小计 | | | | | | | — | 70.68 | — | |
| | | | | | | | | | | | |

| 项目编码 | | 050102004014 | | 项目名称 | | 栽植华北紫丁香 | | | | 计量单位 | 株 |
|---|---|---|---|---|---|---|---|---|---|---|---|
| 清单综合单价组成明细 | | | | | | | | | | | |
| 定额编号 | 定额名称 | 定额单位 | 数量 | 单价 | | | | 合价 | | | |
| | | | | 人工费 | 材料费 | 机械费 | 管理费和利润 | 人工费 | 材料费 | 机械费 | 管理费和利润 |
| 2-8 | 普坚土种植 裸根灌木高度 1.5m 以内 | 株 | 1 | 4.53 | 2.05 | 0.07 | 6.02 | 4.53 | 2.05 | 0.07 | 6.02 |
| 6-2 | 后期管理费 灌木 | 株 | 1 | 9 | 7.73 | 1.51 | 3.86 | 9 | 7.73 | 1.51 | 3.86 |
| 人工单价 | | | | 小计 | | | | 13.53 | 9.78 | 1.58 | 9.88 |
| 综合工日 50 元/工日 | | | | 未计价材料费 | | | | 60.90 | | | |
| 清单项目综合单价 | | | | | | | | 95.67 | | | |
| 材料费明细 | 主要材料名称、规格、型号 | | | | | 单位 | 数量 | 单价/元 | 合价/元 | 暂估单价/元 | 暂估合价/元 |
| | 水费 | | | | | t | 1.330 | 6.21 | 8.26 | | |
| | 农药综合 | | | | | kg | 0.060 | 23.4 | 1.4 | | |
| | 肥料综合 | | | | | kg | 0.060 | 1.89 | 0.11 | | |
| | 华北紫丁香 | | | | | 株 | 1.015 | 60 | 60.9 | | |
| | 材料费小计 | | | | | | | — | 70.68 | — | |
| | | | | | | | | | | | |

（续）

| 项目编码 | | 050102004015 | | 项目名称 | | 栽植珍珠绣线菊 | | | | 计量单位 | 株 |
|---|---|---|---|---|---|---|---|---|---|---|---|
| 清单综合单价组成明细 | | | | | | | | | | | |
| 定额编号 | 定额名称 | 定额单位 | 数量 | 单价 | | | | 合价 | | | |
| | | | | 人工费 | 材料费 | 机械费 | 管理费和利润 | 人工费 | 材料费 | 机械费 | 管理费和利润 |
| 2-8 | 普坚土种植 裸根灌木高度1.5m以内 | 株 | 1 | 4.53 | 2.05 | 0.07 | 6.02 | 4.53 | 2.05 | 0.07 | 6.02 |
| 6-2 | 后期管理费 灌木 | 株 | 1 | 9 | 7.73 | 1.51 | 3.86 | 9 | 7.73 | 1.51 | 3.86 |
| 人工单价 | | | | 小计 | | | | 13.53 | 9.78 | 1.58 | 9.88 |
| 综合工日50元/工日 | | | | 未计价材料费 | | | | 60.90 | | | |
| 清单项目综合单价 | | | | | | | | 95.67 | | | |
| 材料费明细 | 主要材料名称、规格、型号 | | | | | 单位 | 数量 | 单价/元 | 合价/元 | 暂估单价/元 | 暂估合价/元 |
| | 水费 | | | | | t | 1.330 | 6.21 | 8.26 | | |
| | 农药综合 | | | | | kg | 0.060 | 23.4 | 1.4 | | |
| | 肥料综合 | | | | | kg | 0.060 | 1.89 | 0.11 | | |
| | 珍珠绣线菊 | | | | | 株 | 1.015 | 60 | 60.9 | | |
| | 材料费小计 | | | | | | | — | 70.68 | — | |
| | | | | | | | | | | | |

| 项目编码 | | 050102004016 | | 项目名称 | | 栽植鸡树条荚蒾 | | | | 计量单位 | 株 |
|---|---|---|---|---|---|---|---|---|---|---|---|
| 清单综合单价组成明细 | | | | | | | | | | | |
| 定额编号 | 定额名称 | 定额单位 | 数量 | 单价 | | | | 合价 | | | |
| | | | | 人工费 | 材料费 | 机械费 | 管理费和利润 | 人工费 | 材料费 | 机械费 | 管理费和利润 |
| 2-8 | 普坚土种植 裸根灌木高度1.5m以内 | 株 | 1 | 4.53 | 2.05 | 0.07 | 6.02 | 4.53 | 2.05 | 0.07 | 6.02 |
| 6-2 | 后期管理费 灌木 | 株 | 1 | 9 | 7.73 | 1.51 | 3.86 | 9 | 7.73 | 1.51 | 3.86 |
| 人工单价 | | | | 小计 | | | | 13.53 | 9.78 | 1.58 | 9.88 |
| 综合工日50元/工日 | | | | 未计价材料费 | | | | 60.90 | | | |
| 清单项目综合单价 | | | | | | | | 95.67 | | | |
| 材料费明细 | 主要材料名称、规格、型号 | | | | | 单位 | 数量 | 单价/元 | 合价/元 | 暂估单价/元 | 暂估合价/元 |
| | 水费 | | | | | t | 1.330 | 6.21 | 8.26 | | |
| | 农药综合 | | | | | kg | 0.060 | 23.4 | 1.4 | | |
| | 肥料综合 | | | | | kg | 0.060 | 1.89 | 0.11 | | |
| | 鸡树条荚蒾 | | | | | 株 | 1.015 | 60 | 60.9 | | |
| | 材料费小计 | | | | | | | — | 70.68 | — | |
| | | | | | | | | | | | |

（续）

| 项目编码 | | 050102004017 | | 项目名称 | | 栽植红王子锦带 | | | | 计量单位 | 株 |
|---|---|---|---|---|---|---|---|---|---|---|---|
| 清单综合单价组成明细 | | | | | | | | | | | |
| 定额编号 | 定额名称 | 定额单位 | 数量 | 单价 | | | | 合价 | | | |
| | | | | 人工费 | 材料费 | 机械费 | 管理费和利润 | 人工费 | 材料费 | 机械费 | 管理费和利润 |
| 2-8 | 普坚土种植 裸根灌木高度1.5m以内 | 株 | 1 | 4.53 | 2.05 | 0.07 | 6.02 | 4.53 | 2.05 | 0.07 | 6.02 |
| 6-2 | 后期管理费 灌木 | 株 | 1 | 9 | 7.73 | 1.51 | 3.86 | 9 | 7.73 | 1.51 | 3.86 |
| 人工单价 | | | | 小计 | | | | 13.53 | 9.78 | 1.58 | 9.88 |
| 综合工日50元/工日 | | | | 未计价材料费 | | | | 60.90 | | | |
| 清单项目综合单价 | | | | | | | | 95.67 | | | |
| 材料费明细 | 主要材料名称、规格、型号 | | | | | 单位 | 数量 | 单价/元 | 合价/元 | 暂估单价/元 | 暂估合价/元 |
| | 水费 | | | | | t | 1.330 | 6.21 | 8.26 | | |
| | 农药综合 | | | | | kg | 0.060 | 23.4 | 1.4 | | |
| | 肥料综合 | | | | | kg | 0.060 | 1.89 | 0.11 | | |
| | 红王子锦带 | | | | | 株 | 1.015 | 60 | 60.9 | | |
| | 材料费小计 | | | | | | | — | 70.68 | — | |
| | | | | | | | | | | | |

| 项目编码 | | 050102004018 | | 项目名称 | | 栽植大叶黄杨球 | | | | 计量单位 | 株 |
|---|---|---|---|---|---|---|---|---|---|---|---|
| 清单综合单价组成明细 | | | | | | | | | | | |
| 定额编号 | 定额名称 | 定额单位 | 数量 | 单价 | | | | 合价 | | | |
| | | | | 人工费 | 材料费 | 机械费 | 管理费和利润 | 人工费 | 材料费 | 机械费 | 管理费和利润 |
| 2-8 | 普坚土种植 裸根灌木高度1.5m以内 | 株 | 1 | 4.53 | 2.05 | 0.07 | 6.02 | 4.53 | 2.05 | 0.07 | 6.02 |
| 6-2 | 后期管理费 灌木 | 株 | 1 | 9 | 7.73 | 1.51 | 3.86 | 9 | 7.73 | 1.51 | 3.86 |
| 人工单价 | | | | 小计 | | | | 13.53 | 9.78 | 1.58 | 9.88 |
| 综合工日50元/工日 | | | | 未计价材料费 | | | | 60.90 | | | |
| 清单项目综合单价 | | | | | | | | 95.66 | | | |
| 材料费明细 | 主要材料名称、规格、型号 | | | | | 单位 | 数量 | 单价/元 | 合价/元 | 暂估单价/元 | 暂估合价/元 |
| | 水费 | | | | | t | 1.330 | 6.21 | 8.26 | | |
| | 农药综合 | | | | | kg | 0.060 | 23.4 | 1.4 | | |
| | 肥料综合 | | | | | kg | 0.060 | 1.89 | 0.11 | | |
| | 大叶黄杨球 | | | | | 株 | 1.015 | 60 | 60.9 | | |
| | 材料费小计 | | | | | | | — | 70.68 | — | |
| | | | | | | | | | | | |

（续）

| 项目编码 | | 050102004019 | | 项目名称 | | 栽植金叶女贞球 | | | | 计量单位 | 株 |
|---|---|---|---|---|---|---|---|---|---|---|---|
| 清单综合单价组成明细 | | | | | | | | | | | |
| 定额编号 | 定额名称 | 定额单位 | 数量 | 单价 | | | | 合价 | | | |
| | | | | 人工费 | 材料费 | 机械费 | 管理费和利润 | 人工费 | 材料费 | 机械费 | 管理费和利润 |
| 2-8 | 普坚土种植 裸根灌木 高度 1.5m 以内 | 株 | 1 | 4.53 | 2.05 | 0.07 | 5.31 | 4.53 | 2.05 | 0.07 | 5.31 |
| 6-2 | 后期管理费 灌木 | 株 | 1 | 9 | 7.73 | 1.51 | 3.86 | 9 | 7.73 | 1.51 | 3.86 |
| 人工单价 | | | | 小计 | | | | 13.53 | 9.78 | 1.58 | 9.17 |
| 综合工日 50 元/工日 | | | | 未计价材料费 | | | | 50.75 | | | |
| 清单项目综合单价 | | | | | | | | 84.8 | | | |
| 材料费明细 | 主要材料名称、规格、型号 | | | | 单位 | 数量 | 单价/元 | 合价/元 | | 暂估单价/元 | 暂估合价/元 |
| | 水费 | | | | t | 1.330 | 6.21 | 8.26 | | | |
| | 农药综合 | | | | kg | 0.060 | 23.4 | 1.4 | | | |
| | 肥料综合 | | | | kg | 0.060 | 1.89 | 0.11 | | | |
| | 金叶女贞球 | | | | 株 | 1.015 | 50 | 50.75 | | | |
| | 材料费小计 | | | | | | — | 60.52 | | — | |
| | | | | | | | | | | | |

| 项目编码 | | 050102005001 | | 项目名称 | | 栽植五叶地锦 | | | | 计量单位 | m |
|---|---|---|---|---|---|---|---|---|---|---|---|
| 清单综合单价组成明细 | | | | | | | | | | | |
| 定额编号 | 定额名称 | 定额单位 | 数量 | 单价 | | | | 合价 | | | |
| | | | | 人工费 | 材料费 | 机械费 | 管理费和利润 | 人工费 | 材料费 | 机械费 | 管理费和利润 |
| 2-13 | 普坚土种植 绿篱 单行 高度 1.5m 以内 | m | 1 | 6.49 | 2.87 | 0.1 | 3.58 | 6.49 | 2.87 | 0.1 | 3.58 |
| 6-3 | 后期管理费 绿篱 | m | 1 | 4.5 | 8.35 | 1.45 | 2.29 | 4.5 | 8.35 | 1.45 | 2.29 |
| 人工单价 | | | | 小计 | | | | 10.99 | 11.22 | 1.55 | 5.87 |
| 综合工日 50 元/工日 | | | | 未计价材料费 | | | | 15.30 | | | |
| 清单项目综合单价 | | | | | | | | 44.93 | | | |
| 材料费明细 | 主要材料名称、规格、型号 | | | | 单位 | 数量 | 单价/元 | 合价/元 | | 暂估单价/元 | 暂估合价/元 |
| | 水费 | | | | t | 1.562 | 6.21 | 9.7 | | | |
| | 农药综合 | | | | kg | 0.060 | 23.4 | 1.4 | | | |
| | 肥料综合 | | | | kg | 0.060 | 1.89 | 0.11 | | | |
| | 五叶地锦 | | | | m | 1.020 | 15 | 15.3 | | | |
| | 材料费小计 | | | | | | — | 26.51 | | — | |
| | | | | | | | | | | | |

（续）

| 项目编码 | 050102006001 | | 项目名称 | | | 栽植迎春花 | | | 计量单位 | | 株 |
|---|---|---|---|---|---|---|---|---|---|---|---|
| 清单综合单价组成明细 | | | | | | | | | | | |
| 定额编号 | 定额名称 | 定额单位 | 数量 | 单价 | | | | 合价 | | | |
| | | | | 人工费 | 材料费 | 机械费 | 管理费和利润 | 人工费 | 材料费 | 机械费 | 管理费和利润 |
| 2-75 | 种植攀缘植物（生长年限3年） | 10株 | 0.1 | 5.08 | 1.86 | 0.07 | 19.8 | 0.51 | 0.19 | 0.01 | 1.98 |
| 6-7 | 后期管理费 攀缘植物 | 株 | 1 | 0.6 | 1.26 | 0.29 | 0.32 | 0.6 | 1.26 | 0.29 | 0.32 |
| 人工单价 | | | | 小计 | | | | 1.11 | 1.45 | 0.3 | 2.3 |
| 综合工日50元/工日 | | | | 未计价材料费 | | | | 25.50 | | | |
| 清单项目综合单价 | | | | | | | | 30.66 | | | |
| 材料费明细 | 主要材料名称、规格、型号 | | | | | 单位 | 数量 | 单价/元 | 合价/元 | 暂估单价/元 | 暂估合价/元 |
| | 水费 | | | | | t | 0.173 | 6.21 | 1.08 | | |
| | 农药综合 | | | | | kg | 0.001 | 23.4 | 0.02 | | |
| | 肥料综合 | | | | | kg | 0.056 | 1.89 | 0.11 | | |
| | 迎春花 | | | | | 株 | 1.020 | 25 | 25.5 | | |
| | 其他材料费 | | | | | | | — | 0.24 | — | — |
| | 材料费小计 | | | | | | | — | 26.95 | — | |
| | | | | | | | | | | | |

| 项目编码 | 050102007001 | | 项目名称 | | | 栽植铺地柏 | | | 计量单位 | | $m^2$ |
|---|---|---|---|---|---|---|---|---|---|---|---|
| 清单综合单价组成明细 | | | | | | | | | | | |
| 定额编号 | 定额名称 | 定额单位 | 数量 | 单价 | | | | 合价 | | | |
| | | | | 人工费 | 材料费 | 机械费 | 管理费和利润 | 人工费 | 材料费 | 机械费 | 管理费和利润 |
| 2-18 | 普坚土种植 色带 高度0.8m以内 | $m^2$ | 1 | 6.59 | 2.08 | 0.1 | 23.92 | 6.59 | 2.08 | 0.1 | 23.92 |
| 6-10 | 后期管理费 色带 | $m^2$ | 1 | 7.5 | 3.89 | 1.49 | 3.04 | 7.5 | 3.89 | 1.49 | 3.04 |
| 人工单价 | | | | 小计 | | | | 14.09 | 5.97 | 1.59 | 26.96 |
| 综合工日50元/工日 | | | | 未计价材料费 | | | | 306.00 | | | |
| 清单项目综合单价 | | | | | | | | 354.61 | | | |
| 材料费明细 | 主要材料名称、规格、型号 | | | | | 单位 | 数量 | 单价/元 | 合价/元 | 暂估单价/元 | 暂估合价/元 |
| | 水费 | | | | | t | 0.700 | 6.21 | 4.35 | | |
| | 农药综合 | | | | | kg | 0.060 | 23.4 | 1.4 | | |
| | 肥料综合 | | | | | kg | 0.100 | 1.89 | 0.19 | | |
| | 铺地柏 | | | | | 株 | 6.120 | 50 | 306 | | |
| | 其他材料费 | | | | | | | — | 0.03 | — | — |
| | 材料费小计 | | | | | | | — | 311.97 | — | |
| | | | | | | | | | | | |

（续）

| 项目编码 | | 050102007002 | | 项目名称 | | 栽植大叶黄杨 | | | | 计量单位 | $m^2$ |
|---|---|---|---|---|---|---|---|---|---|---|---|
| 清单综合单价组成明细 | | | | | | | | | | | |
| 定额编号 | 定额名称 | 定额单位 | 数量 | 单价 | | | | 合价 | | | |
| | | | | 人工费 | 材料费 | 机械费 | 管理费和利润 | 人工费 | 材料费 | 机械费 | 管理费和利润 |
| 2-18 | 普坚土种植 色带 高度0.8m以内 | $m^2$ | 1 | 6.59 | 2.08 | 0.1 | 19.63 | 6.59 | 2.08 | 0.1 | 19.63 |
| 6-10 | 后期管理费 色带 | $m^2$ | 1 | 7.5 | 3.89 | 1.49 | 3.04 | 7.5 | 3.89 | 1.49 | 3.04 |
| 人工单价 | | | | 小计 | | | | 14.09 | 5.97 | 1.59 | 22.67 |
| 综合工日50元/工日 | | | | 未计价材料费 | | | | 244.80 | | | |
| 清单项目综合单价 | | | | | | | | 289.12 | | | |
| 材料费明细 | 主要材料名称、规格、型号 | | | | | 单位 | 数量 | 单价/元 | 合价/元 | 暂估单价/元 | 暂估合价/元 |
| | 水费 | | | | | t | 0.700 | 6.21 | 4.35 | | |
| | 农药综合 | | | | | kg | 0.060 | 23.4 | 1.4 | | |
| | 肥料综合 | | | | | kg | 0.100 | 1.89 | 0.19 | | |
| | 大叶黄杨 | | | | | 株 | 12.240 | 20 | 244.8 | | |
| | 其他材料费 | | | | | | | — | 0.03 | — | — |
| | 材料费小计 | | | | | | | — | 250.77 | — | |
| | | | | | | | | | | | |

| 项目编码 | | 050102008001 | | 项目名称 | | 栽植紫叶小檗 | | | | 计量单位 | 株 |
|---|---|---|---|---|---|---|---|---|---|---|---|
| 清单综合单价组成明细 | | | | | | | | | | | |
| 定额编号 | 定额名称 | 定额单位 | 数量 | 单价 | | | | 合价 | | | |
| | | | | 人工费 | 材料费 | 机械费 | 管理费和利润 | 人工费 | 材料费 | 机械费 | 管理费和利润 |
| 2-84 | 种植花卉 木本 | $10m^2$ | | 19.37 | 5.08 | 0.28 | 7.26 | | | | |
| 6-6 | 后期管理费 花卉 | $m^2$ | | 1.5 | 4.46 | 1.13 | 0.92 | | | | |
| 人工单价 | | | | 小计 | | | | | | | |
| 综合工日50元/工日 | | | | 未计价材料费 | | | | | | | |
| 清单项目综合单价 | | | | | | | | | | | |
| 材料费明细 | 主要材料名称、规格、型号 | | | | | 单位 | 数量 | 单价/元 | 合价/元 | 暂估单价/元 | 暂估合价/元 |
| | 水费 | | | | | t | | 6.21 | | | |
| | 农药综合 | | | | | kg | | 23.4 | | | |
| | 肥料综合 | | | | | kg | | 1.89 | | | |
| | 紫叶小檗木本 | | | | | 株 | | | | | |
| | 材料费小计 | | | | | | | — | | — | |
| | | | | | | | | | | | |

（续）

| 项目编码 | | 050102008002 | | 项目名称 | | 栽植玉簪 | | | | 计量单位 | 株 |
|---|---|---|---|---|---|---|---|---|---|---|---|
| 清单综合单价组成明细 | | | | | | | | | | | |
| 定额编号 | 定额名称 | 定额单位 | 数量 | 单价 | | | | 合价 | | | |
| | | | | 人工费 | 材料费 | 机械费 | 管理费和利润 | 人工费 | 材料费 | 机械费 | 管理费和利润 |
| 2-83 | 种植花卉 宿根 | $10m^2$ | | 16.6 | 4.46 | 0.24 | 6.23 | | | | |
| 6-6 | 后期管理费 花卉 | $m^2$ | | 1.5 | 4.46 | 1.13 | 0.92 | | | | |
| 人工单价 | | | | 小计 | | | | | | | |
| 综合工日 50 元/工日 | | | | 未计价材料费 | | | | | | | |
| 清单项目综合单价 | | | | | | | | | | | |
| 材料费明细 | 主要材料名称、规格、型号 | | | | | 单位 | 数量 | 单价/元 | 合价/元 | 暂估单价/元 | 暂估合价/元 |
| | 水费 | | | | | t | | 6.21 | | | |
| | 农药综合 | | | | | kg | | 23.4 | | | |
| | 肥料综合 | | | | | kg | | 1.89 | | | |
| | 玉簪宿根 | | | | | 株 | | | | | |
| | 材料费小计 | | | | | | | — | | — | |
| | | | | | | | | | | | |

| 项目编码 | | 050102008003 | | 项目名称 | | 栽植大花萱草 | | | | 计量单位 | 株 |
|---|---|---|---|---|---|---|---|---|---|---|---|
| 清单综合单价组成明细 | | | | | | | | | | | |
| 定额编号 | 定额名称 | 定额单位 | 数量 | 单价 | | | | 合价 | | | |
| | | | | 人工费 | 材料费 | 机械费 | 管理费和利润 | 人工费 | 材料费 | 机械费 | 管理费和利润 |
| 2-83 | 种植花卉 宿根 | $10m^2$ | | 16.6 | 4.46 | 0.24 | 6.23 | | | | |
| 6-6 | 后期管理费 花卉 | $m^2$ | | 1.5 | 4.46 | 1.13 | 0.92 | | | | |
| 人工单价 | | | | 小计 | | | | | | | |
| 综合工日 50 元/工日 | | | | 未计价材料费 | | | | | | | |
| 清单项目综合单价 | | | | | | | | | | | |
| 材料费明细 | 主要材料名称、规格、型号 | | | | | 单位 | 数量 | 单价/元 | 合价/元 | 暂估单价/元 | 暂估合价/元 |
| | 水费 | | | | | t | | 6.21 | | | |
| | 农药综合 | | | | | kg | | 23.4 | | | |
| | 肥料综合 | | | | | kg | | 1.89 | | | |
| | 大花萱草宿根 | | | | | 株 | | | | | |
| | 材料费小计 | | | | | | | — | | — | |
| | | | | | | | | | | | |

（续）

| 项目编码 | | 050102008004 | | 项目名称 | | 栽植黄娃娃鸢尾 | | | 计量单位 | | 株 |
|---|---|---|---|---|---|---|---|---|---|---|---|
| 清单综合单价组成明细 | | | | | | | | | | | |
| 定额编号 | 定额名称 | 定额单位 | 数量 | 单价 | | | | 合价 | | | |
| | | | | 人工费 | 材料费 | 机械费 | 管理费和利润 | 人工费 | 材料费 | 机械费 | 管理费和利润 |
| 2-82 | 种植花卉 一二年生草花 | 10m² | | 13.83 | 4.46 | 0.2 | 5.24 | | | | |
| 6-6 | 后期管理费 花卉 | m² | | 1.5 | 4.46 | 1.13 | 0.92 | | | | |
| 人工单价 | | | | 小计 | | | | | | | |
| 综合工日50元/工日 | | | | 未计价材料费 | | | | | | | |
| 清单项目综合单价 | | | | | | | | | | | |
| 材料费明细 | 主要材料名称、规格、型号 | | | | | 单位 | 数量 | 单价/元 | 合价/元 | 暂估单价/元 | 暂估合价/元 |
| | 水费 | | | | | t | | 6.21 | | | |
| | 农药综合 | | | | | kg | | 23.4 | | | |
| | 肥料综合 | | | | | kg | | 1.89 | | | |
| | 黄娃娃鸢尾一二年生草花 | | | | | 株 | | | | | |
| | 材料费小计 | | | | | | | — | | — | |
| | | | | | | | | | | | |

| 项目编码 | | 050102008005 | | 项目名称 | | 栽植丰花月季 | | | 计量单位 | | 株 |
|---|---|---|---|---|---|---|---|---|---|---|---|
| 清单综合单价组成明细 | | | | | | | | | | | |
| 定额编号 | 定额名称 | 定额单位 | 数量 | 单价 | | | | 合价 | | | |
| | | | | 人工费 | 材料费 | 机械费 | 管理费和利润 | 人工费 | 材料费 | 机械费 | 管理费和利润 |
| 2-84 | 种植花卉 木本 | 10m² | | 19.37 | 5.08 | 0.28 | 7.26 | | | | |
| 6-6 | 后期管理费 花卉 | m² | | 1.5 | 4.46 | 1.13 | 0.92 | | | | |
| 人工单价 | | | | 小计 | | | | | | | |
| 综合工日50元/工日 | | | | 未计价材料费 | | | | | | | |
| 清单项目综合单价 | | | | | | | | | | | |
| 材料费明细 | 主要材料名称、规格、型号 | | | | | 单位 | 数量 | 单价/元 | 合价/元 | 暂估单价/元 | 暂估合价/元 |
| | 水费 | | | | | t | | 6.21 | | | |
| | 农药综合 | | | | | kg | | 23.4 | | | |
| | 肥料综合 | | | | | kg | | 1.89 | | | |
| | 丰花月季木本 | | | | | 株 | | | | | |
| | 材料费小计 | | | | | | | — | | — | |
| | | | | | | | | | | | |

（续）

| 项目编码 | | 050102011001 | | 项目名称 | | 喷播冷季型草 | | | 计量单位 | | $m^2$ |
|---|---|---|---|---|---|---|---|---|---|---|---|
| 清单综合单价组成明细 | | | | | | | | | | | |
| 定额编号 | 定额名称 | 定额单位 | 数量 | 单价 | | | | 合价 | | | |
| | | | | 人工费 | 材料费 | 机械费 | 管理费和利润 | 人工费 | 材料费 | 机械费 | 管理费和利润 |
| 2-85 | 喷播植草 坡度1:1以下 坡长8m以内 | $100m^2$ | 0.01 | 192.68 | 86.4 | 62.86 | 82.49 | 1.93 | 0.86 | 0.63 | 0.82 |
| 6-4 | 后期管理费 冷草 | $m^2$ | 1 | 2.5 | 5.95 | 1.8 | 1.42 | 2.5 | 5.95 | 1.8 | 1.42 |
| 人工单价 | | | | 小计 | | | | 4.43 | 6.81 | 2.43 | 2.24 |
| 综合工日50元/工日 | | | | 未计价材料费 | | | | 0.50 | | | |
| 清单项目综合单价 | | | | | | | | 16.41 | | | |
| 材料费明细 | 主要材料名称、规格、型号 | | | | | 单位 | 数量 | 单价/元 | 合价/元 | 暂估单价/元 | 暂估合价/元 |
| | 水费 | | | | | t | 0.780 | 6.21 | 4.84 | | |
| | 农药综合 | | | | | kg | 0.060 | 23.4 | 1.4 | | |
| | 尿素 | | | | | kg | 0.002 | 1.5 | | | |
| | 草坪肥 | | | | | kg | 0.100 | 2 | 0.2 | | |
| | 无纺布 | | | | | kg | 0.018 | 5 | 0.09 | | |
| | 喷播胶黏剂 | | | | | kg | 0.001 | 35 | 0.05 | | |
| | 喷播保水剂 | | | | | kg | 0.004 | 28 | 0.11 | | |
| | 复合肥 | | | | | kg | 0.006 | 15 | 0.09 | | |
| | 冷季型草 | | | | | kg | 0.025 | 20 | 0.5 | | |
| | 其他材料费 | | | | | | | — | 0.03 | — | — |
| | 材料费小计 | | | | | | | — | 7.31 | — | |

| 项目编码 | | 050201001001 | | 项目名称 | | 园路工程 | | | 计量单位 | | $m^2$ |
|---|---|---|---|---|---|---|---|---|---|---|---|
| 清单综合单价组成明细 | | | | | | | | | | | |
| 定额编号 | 定额名称 | 定额单位 | 数量 | 单价 | | | | 合价 | | | |
| | | | | 人工费 | 材料费 | 机械费 | 管理费和利润 | 人工费 | 材料费 | 机械费 | 管理费和利润 |
| 2-5换 | 园路及地面工程 垫层 素混凝土 换为（C15预拌混凝土） | $m^3$ | 0.1 | 56.2 | 256.21 | 11.56 | 38.74 | 5.62 | 25.62 | 1.16 | 3.87 |
| 1-22 | 土方工程 地坪原土打夯 | $m^2$ | 1 | 0.75 | | 0.05 | 0.27 | 0.75 | | 0.05 | 0.27 |
| 2-13 | 园路及地面工程 铺混凝土砌块砖 浆垫 | $m^2$ | 1 | 13.36 | 56.89 | 0.13 | 8.75 | 13.36 | 56.89 | 0.13 | 8.75 |
| 2-4 | 园路及地面工程 垫层 天然级配砂石 | $m^3$ | 0.15 | 15.43 | 123.8 | 1.27 | 14.24 | 2.31 | 18.57 | 0.19 | 2.14 |
| 人工单价 | | | | 小计 | | | | 22.04 | 101.08 | 1.53 | 15.03 |
| 综合工日50元/工日 | | | | 未计价材料费 | | | | | | | |
| 清单项目综合单价 | | | | | | | | 139.68 | | | |
| 材料费明细 | 主要材料名称、规格、型号 | | | | | 单位 | 数量 | 单价/元 | 合价/元 | 暂估单价/元 | 暂估合价/元 |
| | 水泥综合 | | | | | kg | 3.000 | 0.366 | 1.1 | | |
| | M5混合砂浆 | | | | | $m^3$ | 0.022 | 205.23 | 4.52 | | |
| | 混凝土砌块砖200mm×100mm×60mm | | | | | 块 | 51.000 | | | 1 | 165801 |
| | 天然砂石 | | | | | kg | 363.900 | 0.051 | 18.56 | | |
| | C15预拌混凝土 | | | | | $m^3$ | 0.102 | | | 251 | 83232.1 |
| | 其他材料费 | | | | | | | — | 0.31 | — | — |
| | 材料费小计 | | | | | | | — | 24.49 | — | 249033.1 |

（续）

| 项目编码 | | 050201001002 | | 项目名称 | | 园路工程 | | | | 计量单位 | $m^2$ |
|---|---|---|---|---|---|---|---|---|---|---|---|
| 清单综合单价组成明细 | | | | | | | | | | | |
| 定额编号 | 定额名称 | 定额单位 | 数量 | 单价 | | | | 合价 | | | |
| | | | | 人工费 | 材料费 | 机械费 | 管理费和利润 | 人工费 | 材料费 | 机械费 | 管理费和利润 |
| 2-5 换 | 园路及地面工程 垫层 素混凝土 换为（C15 预拌混凝土） | $m^3$ | 0.1 | 56.2 | 256.21 | 11.56 | 38.74 | 5.62 | 25.62 | 1.16 | 3.87 |
| 2-12 | 园路及地面工程 铺混凝土砌块砖 砂垫 | $m^2$ | 1 | 12.34 | 54.71 | 0.12 | 8.22 | 12.34 | 54.71 | 0.12 | 8.22 |
| 1-22 | 土方工程 地坪 原土打夯 | $m^2$ | 1 | 0.75 | | 0.05 | 0.27 | 0.75 | | 0.05 | 0.27 |
| 2-4 | 园路及地面工程 垫层 天然级配砂石 | $m^3$ | 0.15 | 15.43 | 123.8 | 1.27 | 14.24 | 2.31 | 18.57 | 0.19 | 2.14 |
| 人工单价 | | | | 小计 | | | | 21.02 | 98.9 | 1.52 | 14.5 |
| 综合工日 50 元/工日 | | | | 未计价材料费 | | | | | | | |
| 清单项目综合单价 | | | | | | | | 135.94 | | | |
| 材料费明细 | 主要材料名称、规格、型号 | | | | | 单位 | 数量 | 单价/元 | 合价/元 | 暂估单价/元 | 暂估合价/元 |
| | 水泥综合 | | | | | kg | 3.000 | 0.366 | 1.1 | | |
| | 砂子 | | | | | kg | 35.100 | 0.067 | 2.35 | | |
| | 混凝土砌块砖 200mm×100mm×60mm | | | | | 块 | 51.000 | | | 1 | 316965 |
| | 天然砂石 | | | | | kg | 363.900 | 0.051 | 18.56 | | |
| | C15 预拌混凝土 | | | | | $m^3$ | 0.102 | | | 251 | 159116.43 |
| | 其他材料费 | | | | | | | — | 0.29 | — | — |
| | 材料费小计 | | | | | | | — | 22.3 | — | 476081.43 |
| | | | | | | | | | | | |

| 项目编码 | | 050201001003 | | 项目名称 | | 园路工程 | | | | 计量单位 | $m^2$ |
|---|---|---|---|---|---|---|---|---|---|---|---|
| 清单综合单价组成明细 | | | | | | | | | | | |
| 定额编号 | 定额名称 | 定额单位 | 数量 | 单价 | | | | 合价 | | | |
| | | | | 人工费 | 材料费 | 机械费 | 管理费和利润 | 人工费 | 材料费 | 机械费 | 管理费和利润 |
| 2-5 换 | 园路及地面工程 垫层 素混凝土 换为（C15 预拌混凝土） | $m^3$ | 0.1 | 56.2 | 256.21 | 11.56 | 38.74 | 5.62 | 25.62 | 1.16 | 3.87 |
| 1-22 | 土方工程 地坪 原土打夯 | $m^2$ | 1 | 0.75 | | 0.05 | 0.27 | 0.75 | | 0.05 | 0.27 |
| 2-12 | 园路及地面工程 铺混凝土砌块砖 砂垫 | $m^2$ | 1 | 12.34 | 54.71 | 0.12 | 8.22 | 12.34 | 54.71 | 0.12 | 8.22 |
| 2-4 | 园路及地面工程 垫层 天然级配砂石 | $m^3$ | 0.15 | 15.43 | 123.8 | 1.27 | 14.24 | 2.31 | 18.57 | 0.19 | 2.14 |
| 人工单价 | | | | 小计 | | | | 21.02 | 98.9 | 1.52 | 14.5 |
| 综合工日 50 元/工日 | | | | 未计价材料费 | | | | | | | |
| 清单项目综合单价 | | | | | | | | 135.94 | | | |
| 材料费明细 | 主要材料名称、规格、型号 | | | | | 单位 | 数量 | 单价/元 | 合价/元 | 暂估单价/元 | 暂估合价/元 |
| | 水泥综合 | | | | | kg | 3.000 | 0.366 | 1.1 | | |
| | 砂子 | | | | | kg | 35.100 | 0.067 | 2.35 | | |
| | 混凝土砌块砖 200mm×100mm×60mm | | | | | 块 | 51.000 | | | 1 | 429828 |
| | 天然砂石 | | | | | kg | 363.900 | 0.051 | 18.56 | | |
| | C15 预拌混凝土 | | | | | $m^3$ | 0.102 | | | 251 | 215773.66 |
| | 其他材料费 | | | | | | | — | 0.29 | — | — |
| | 材料费小计 | | | | | | | — | 22.3 | — | 645601.66 |
| | | | | | | | | | | | |

（续）

| 项目编码 | | 050201001004 | | 项目名称 | | 园路工程（停车场） | | | 计量单位 | | $m^2$ |
|---|---|---|---|---|---|---|---|---|---|---|---|
| 清单综合单价组成明细 | | | | | | | | | | | |
| 定额编号 | 定额名称 | 定额单位 | 数量 | 单价 | | | | 合价 | | | |
| | | | | 人工费 | 材料费 | 机械费 | 管理费和利润 | 人工费 | 材料费 | 机械费 | 管理费和利润 |
| 2-5 换 | 园路及地面工程 垫层 素混凝土换为（C15 预拌混凝土） | $m^3$ | 0.15 | 56.2 | 256.21 | 11.56 | 38.74 | 8.43 | 38.43 | 1.73 | 5.81 |
| 1-22 | 土方工程 地坪 原土打夯 | $m^2$ | 1 | 0.75 | | 0.05 | 0.27 | 0.75 | | 0.05 | 0.27 |
| 2-12 | 园路及地面工程 铺混凝土砌块砖 砂垫 | $m^2$ | 1 | 12.34 | 54.71 | 0.12 | 8.22 | 12.34 | 54.71 | 0.12 | 8.22 |
| 2-4 | 园路及地面工程 垫层 天然级配砂石 | $m^3$ | 0.25 | 15.43 | 123.8 | 1.27 | 14.24 | 3.86 | 30.95 | 0.32 | 3.56 |
| 人工单价 | | | | 小计 | | | | 25.38 | 124.09 | 2.22 | 17.86 |
| 综合工日 50 元/工日 | | | | 未计价材料费 | | | | | | | |
| 清单项目综合单价 | | | | | | | | 169.55 | | | |
| 材料费明细 | 主要材料名称、规格、型号 | | | | | 单位 | 数量 | 单价/元 | 合价/元 | 暂估单价/元 | 暂估合价/元 |
| | 水泥综合 | | | | | kg | 3.000 | 0.366 | 1.1 | | |
| | 砂子 | | | | | kg | 35.100 | 0.067 | 2.35 | | |
| | 混凝土砌块砖 200mm×100mm×60mm | | | | | 块 | 51.000 | | | 1 | 261426 |
| | 天然砂石 | | | | | kg | 606.500 | 0.051 | 30.93 | | |
| | C15 预拌混凝土 | | | | | $m^3$ | 0.153 | | | 251 | 196853.78 |
| | 其他材料费 | | | | | | | — | 0.31 | — | — |
| | 材料费小计 | | | | | | | — | 34.69 | — | 458279.78 |
| | | | | | | | | | | | |

| 项目编码 | | 050201002001 | | 项目名称 | | 路牙铺设 | | | 计量单位 | | m |
|---|---|---|---|---|---|---|---|---|---|---|---|
| 清单综合单价组成明细 | | | | | | | | | | | |
| 定额编号 | 定额名称 | 定额单位 | 数量 | 单价 | | | | 合价 | | | |
| | | | | 人工费 | 材料费 | 机械费 | 管理费和利润 | 人工费 | 材料费 | 机械费 | 管理费和利润 |
| 2-4 | 园路及地面工程 垫层 天然级配砂石 | $m^3$ | 0.025 | 15.43 | 123.8 | 1.27 | 14.24 | 0.39 | 3.1 | 0.03 | 0.36 |
| 2-34 | 园路及地面工程 路牙 混凝土块 | m | 1 | 7.22 | 35.3 | 0.08 | 5.05 | 7.22 | 35.3 | 0.08 | 5.05 |
| 1-22 | 土方工程 地坪 原土打夯 | $m^2$ | 0.1 | 0.75 | | 0.05 | 0.27 | 0.08 | | 0.01 | 0.03 |
| 人工单价 | | | | 小计 | | | | 7.69 | 38.4 | 0.12 | 5.44 |
| 综合工日 50 元/工日 | | | | 未计价材料费 | | | | | | | |
| 清单项目综合单价 | | | | | | | | 51.65 | | | |
| 材料费明细 | 主要材料名称、规格、型号 | | | | | 单位 | 数量 | 单价/元 | 合价/元 | 暂估单价/元 | 暂估合价/元 |
| | 石灰 | | | | | kg | 0.010 | 0.23 | | | |
| | 混凝土块道牙 | | | | | m | 1.000 | | | 31 | 31 |
| | 1:3 水泥砂浆 | | | | | $m^3$ | 0.012 | 253.5 | 3.04 | | |
| | 1:3 石灰砂浆 | | | | | $m^3$ | 0.006 | 158.57 | 0.95 | | |
| | 天然砂石 | | | | | kg | 60.650 | 0.051 | 3.09 | | |
| | 其他材料费 | | | | | | | — | 0.3 | — | — |
| | 材料费小计 | | | | | | | — | 7.38 | — | 31 |
| | | | | | | | | | | | |

（续）

| 项目编码 | | 050201014001 | | 项目名称 | | 木栏杆扶手 | | | | 计量单位 | m |
|---|---|---|---|---|---|---|---|---|---|---|---|
| 清单综合单价组成明细 | | | | | | | | | | | |
| 定额编号 | 定额名称 | 定额单位 | 数量 | 单价 | | | | 合价 | | | |
| | | | | 人工费 | 材料费 | 机械费 | 管理费和利润 | 人工费 | 材料费 | 机械费 | 管理费和利润 |
| 7-44 | 通廊栏杆（板）木栏杆车花 | $m^2$ | 1 | 20.48 | 43.87 | 1.74 | 10.48 | 20.48 | 43.87 | 1.74 | 10.48 |
| 7-64 | 通廊扶手 硬木 | m | 1 | 9.07 | 137.88 | 3.63 | 13.13 | 9.07 | 137.88 | 3.63 | 13.13 |
| 人工单价 | | | | 小计 | | | | 29.55 | 181.75 | 5.37 | 23.61 |
| 综合工日50元/工日 | | | | 未计价材料费 | | | | | | | |
| 清单项目综合单价 | | | | | | | | 240.28 | | | |
| 材料费明细 | 主要材料名称、规格、型号 | | | | | 单位 | 数量 | 单价/元 | 合价/元 | 暂估单价/元 | 暂估合价/元 |
| | 预埋件 | | | | | kg | 1.121 | 2.98 | 3.34 | | |
| | 车花木栏杆 $\phi40$ | | | | | m | 3.600 | 12.04 | 43.34 | | |
| | 乳胶 | | | | | kg | 0.016 | 4.6 | 0.07 | | |
| | 硬木扶手直形 150×60 | | | | | m | 1.050 | 112 | 117.6 | | |
| | 硬木弯头 | | | | | 个 | 0.660 | 24.6 | 16.24 | | |
| | 其他材料费 | | | | | | | — | 1.15 | — | — |
| | 材料费小计 | | | | | | | — | 181.74 | — | |

| 项目编码 | | 050201016001 | | 项目名称 | | 木制步桥 | | | | 计量单位 | $m^2$ |
|---|---|---|---|---|---|---|---|---|---|---|---|
| 清单综合单价组成明细 | | | | | | | | | | | |
| 定额编号 | 定额名称 | 定额单位 | 数量 | 单价 | | | | 合价 | | | |
| | | | | 人工费 | 材料费 | 机械费 | 管理费和利润 | 人工费 | 材料费 | 机械费 | 管理费和利润 |
| 7-25 | 步桥工程 桥面 细石安装 松木桥面板 | $10m^2$ | 0.1 | 708.37 | 3580.83 | 7.91 | 503.17 | 70.84 | 358.08 | 0.79 | 50.32 |
| 人工单价 | | | | 小计 | | | | 70.84 | 358.08 | 0.79 | 50.32 |
| 综合工日50元/工日 | | | | 未计价材料费 | | | | | | | |
| 清单项目综合单价 | | | | | | | | 480.03 | | | |
| 材料费明细 | 主要材料名称、规格、型号 | | | | | 单位 | 数量 | 单价/元 | 合价/元 | 暂估单价/元 | 暂估合价/元 |
| | 1:2 水泥砂浆 | | | | | $m^3$ | 0.050 | 295.72 | 14.79 | | |
| | 松木桥面板 | | | | | $m^2$ | 1.005 | 340.13 | 341.83 | | |
| | 其他材料费 | | | | | | | — | 1.47 | — | — |
| | 材料费小计 | | | | | | | — | 358.09 | — | |

（续）

| 项目编码 | | 050301001001 | | 项目名称 | | 原木（带树皮）柱、梁、檩、椽 | | | 计量单位 | | m |
|---|---|---|---|---|---|---|---|---|---|---|---|
| 清单综合单价组成明细 | | | | | | | | | | | |
| 定额编号 | 定额名称 | 定额单位 | 数量 | 单价 | | | | 合价 | | | |
| | | | | 人工费 | 材料费 | 机械费 | 管理费和利润 | 人工费 | 材料费 | 机械费 | 管理费和利润 |
| 4-25 换 | 花架及小品工程 木制花架 柱 换为（C15 预拌混凝土） | $m^3$ | 0.04 | 402.05 | 1367.68 | 3.19 | 238.96 | 16.08 | 54.71 | 0.13 | 9.56 |
| 人工单价 | | | | 小计 | | | | 16.08 | 54.71 | 0.13 | 9.56 |
| 综合工日 50 元/工日 | | | | 未计价材料费 | | | | | | | |
| 清单项目综合单价 | | | | | | | | 80.47 | | | |
| 材料费明细 | 主要材料名称、规格、型号 | | | | | 单位 | 数量 | 单价/元 | 合价/元 | 暂估单价/元 | 暂估合价/元 |
| | 板方材 | | | | | $m^3$ | 0.044 | 1198 | 52.71 | | |
| | 铁件 | | | | | kg | 0.208 | 3.1 | 0.64 | | |
| | 螺栓 | | | | | 个 | 0.168 | 3.73 | 0.63 | | |
| | C15 预拌混凝土 | | | | | $m^3$ | 0.002 | | | 251 | 37.47 |
| | 其他材料费 | | | | | | | — | 0.12 | — | — |
| | 材料费小计 | | | | | | | — | 54.1 | — | 37.47 |
| | | | | | | | | | | | |

| 项目编码 | | 050301001002 | | 项目名称 | | 原木（带树皮）柱、梁、檩、椽 | | | 计量单位 | | m |
|---|---|---|---|---|---|---|---|---|---|---|---|
| 清单综合单价组成明细 | | | | | | | | | | | |
| 定额编号 | 定额名称 | 定额单位 | 数量 | 单价 | | | | 合价 | | | |
| | | | | 人工费 | 材料费 | 机械费 | 管理费和利润 | 人工费 | 材料费 | 机械费 | 管理费和利润 |
| 4-27 | 花架及小品工程 木制花架 檩条 | $m^3$ | 0.01 | 232.32 | 1378.29 | 3.01 | 179.33 | 2.32 | 13.78 | 0.03 | 1.79 |
| 4-26 | 花架及小品工程 木制花架 梁 | $m^3$ | 0.01 | 187 | 1380.92 | 2.96 | 163.39 | 1.87 | 13.81 | 0.03 | 1.63 |
| 4-25 换 | 花架及小品工程 木制花架 柱 换为（C15 预拌混凝土） | $m^3$ | 0.02 | 402.05 | 1367.68 | 3.19 | 238.96 | 8.04 | 27.35 | 0.06 | 4.78 |
| 人工单价 | | | | 小计 | | | | 12.23 | 54.94 | 0.12 | 8.2 |
| 综合工日 50 元/工日 | | | | 未计价材料费 | | | | | | | |
| 清单项目综合单价 | | | | | | | | 75.49 | | | |
| 材料费明细 | 主要材料名称、规格、型号 | | | | | 单位 | 数量 | 单价/元 | 合价/元 | 暂估单价/元 | 暂估合价/元 |
| | 板方材 | | | | | $m^3$ | 0.044 | 1198 | 52.71 | | |
| | 铁件 | | | | | kg | 0.244 | 3.1 | 0.76 | | |
| | 螺栓 | | | | | 个 | 0.264 | 3.73 | 0.98 | | |
| | 防腐油 | | | | | kg | 0.050 | 1.48 | 0.07 | | |
| | C15 预拌混凝土 | | | | | $m^3$ | 0.001 | | | 251 | 28.31 |
| | 其他材料费 | | | | | | | — | 0.12 | — | — |
| | 材料费小计 | | | | | | | — | 54.64 | — | 28.31 |
| | | | | | | | | | | | |

（续）

| 项目编码 | | 050304001001 | | 项目名称 | | 木制飞来椅 | | | | 计量单位 | m |
|---|---|---|---|---|---|---|---|---|---|---|---|
| 清单综合单价组成明细 | | | | | | | | | | | |
| 定额编号 | 定额名称 | 定额单位 | 数量 | 单价 | | | | 合价 | | | |
| | | | | 人工费 | 材料费 | 机械费 | 管理费和利润 | 人工费 | 材料费 | 机械费 | 管理费和利润 |
| 6-85 | 鹅颈靠背（美人靠）制作安装 | m | 1 | 130.55 | 273.76 | 2.71 | 65.79 | 130.55 | 273.76 | 2.71 | 65.79 |
| 人工单价 | | | | 小计 | | | | 130.55 | 273.76 | 2.71 | 65.79 |
| 综合工日 50 元/工日 | | | | 未计价材料费 | | | | | | | |
| 清单项目综合单价 | | | | | | | | 472.81 | | | |
| 材料费明细 | 主要材料名称、规格、型号 | | | | | 单位 | 数量 | 单价/元 | 合价/元 | 暂估单价/元 | 暂估合价/元 |
| | 烘干板方材 | | | | | $m^3$ | 0.102 | 2670 | 272.34 | | |
| | 其他材料费 | | | | | | | — | 1.42 | — | — |
| | 材料费小计 | | | | | | | — | 273.76 | — | |
| | | | | | | | | | | | |

| 项目编码 | | 050304006001 | | 项目名称 | | 石桌石凳 | | | | 计量单位 | 个 |
|---|---|---|---|---|---|---|---|---|---|---|---|
| 清单综合单价组成明细 | | | | | | | | | | | |
| 定额编号 | 定额名称 | 定额单位 | 数量 | 单价 | | | | 合价 | | | |
| | | | | 人工费 | 材料费 | 机械费 | 管理费和利润 | 人工费 | 材料费 | 机械费 | 管理费和利润 |
| 8-46 换 | 杂项工程 圆桌 圆凳基础 换为（C20 预拌豆石混凝土） | 件 | 1 | 10.05 | 6.66 | 0.02 | 4.05 | 10.05 | 6.66 | 0.02 | 4.05 |
| 8-47 | 杂项工程 圆桌 圆凳安装 | 件 | 1 | 9.03 | 0.45 | 0.01 | 3.24 | 9.03 | 0.45 | 0.01 | 3.24 |
| 人工单价 | | | | 小计 | | | | 19.08 | 7.11 | 0.03 | 7.29 |
| 综合工日 50 元/工日 | | | | 未计价材料费 | | | | | | | |
| 清单项目综合单价 | | | | | | | | 33.51 | | | |
| 材料费明细 | 主要材料名称、规格、型号 | | | | | 单位 | 数量 | 单价/元 | 合价/元 | 暂估单价/元 | 暂估合价/元 |
| | 水泥综合 | | | | | kg | 1.000 | 0.366 | 0.37 | | |
| | 石灰 | | | | | kg | 4.000 | 0.23 | 0.92 | | |
| | C20 预拌豆石混凝土 | | | | | $m^3$ | 0.020 | | | 280 | 100.8 |
| | 其他材料费 | | | | | | | — | 0.22 | — | — |
| | 材料费小计 | | | | | | | — | 1.51 | — | 100.8 |
| | | | | | | | | | | | |

# 第三章 某小区园林绿化工程工程量清单投标报价编制实例

## 第一节 工程投标报价编制要领

投标人在了解了工程的基本情况和其他方面对工程和招标工作影响的情况后，就进入了紧张的编制投标文件工作中了。投标文件的内容一般包括投标书及投标书附录、投标担保、授权委托书、工程量清单、投标书附表，资格审查资料、方案及报价和投标须知规定的其他资料等。以下主要介绍一下编制投标报价的一般程序。

**1. 充分理解招标文件及设计图样**

（1）施工招标作为业主选择项目施工队伍的手段，一般均要求投标人的标书要全面符合招标文件的要求。在阅读招标文件时，对招标文件中对清单项目的组成规定等应详细了解，否则容易造成报价偏离业主及其他投标人的报价而成为出围标或者废标。

（2）在报价前要充分审查施工招标图样，列出图样中的所有项目，并将图样中的工程数量重新计算并与清单对比，以供不平衡报价参考。

（3）投标人应将在阅读招标文件及图样中发现的问题汇总，在标前会时向业主提出，要求其在会上或会后进行解答。通过这些问题的明确，可以使各位投标人的报价有一个共同的基础，位于“同一起跑线”上，避免因各投标人对招标文件的不同理解而造成标价分散、合理标价反而成为出围标的可能。

**2. 做好现场的调查工作**

（1）一般招标人会在一定的时间和地点统一组织投标人对现场及其周围环境进行一次考察。以便于投标人自行查明或核实有关编制投标文件和签订合同所必需的一切材料。现场考察了解的内容一般包括：工程地形、地貌、水文、地质、气象、料场、水源、电源、通信、交通条件等诸多方面。其作用关系到随后的编制和中标后的工程施工是否顺利等。

（2）考察时应根据施工图样和招标文件的要求，了解当地地方材料（不含甲供材）的价格，材料的来源，运输的路径、运距；土石的来源、弃土点的距离；施工水电是否可以在附近租借、管线的长度；临时便道、便桥的情况；施工机具的进场路径等。对材料价格要做到货比三家，对不同来源的材料价格进行分析，选择合理的单价。对进入施工地点的线路有多条选择的，要考虑选取一条方便、价格最低的线路。弃土点的选择也要在满足方便运输的前提下，选择运距最小的弃土点。

**3. 基价（预算价）的编制**

（1）工程量的复核。投标人在投标前一定要对招标文件中的工程数量进行复核，对其中经计算工程数量与清单中出入较大的或通过计算分析可能在施工过程中发生较大变更的，分析其数量的变化大小、变更的趋势等，对上述项目采取不平衡报价法进行报价。有些业主在招标文件中要求投标人报价不允许出现太大的不平衡报价，这时投标人应按照业主的要求进行报价，不可盲目采取不平衡报价。

（2）施工组织设计的编制。施工组织设计的编制应考虑在满足施工要求的前提下，尽量使报价的水平接近市场的总体水平。在编制时，要多考虑几个可行的方案，然后对各个方案分别进行技术经济分析，选择其中计算最完善、经济最合理的方案，同时考虑其他投标人对该方案采纳的可能性可能采取的其他方案，通过比较获得最后的方案。在投标中，不能出现一些偏离市场一般做法的独特施工方案，这样的方案在市场竞争中是行不通的。

（3）计价依据的选择（定额、费用）

1）在编制基价时，一定要以企业定额或参考政府定额为依据进行。

2）在选定定额以后，就需要确定有关的费用，费用的选定也要根据企业或当地的有关文件规定进行选取，不宜随意增减费用项目。

（4）报价分析、最终报价

1）具体方法有指标分析，工、机、料分析，历史基价分析等，指标分析可以根据工程各部位的有关指标对各部位的单位进行分析，与指标差别较大的要重新进行基价检查，分析是否在标价编制时发生错误，进而调整报价；工、机、料分析法是将预算的人工、机械、材料费独立抽出，根据其占报价的比例来分析是否在合理范围之内；历史基价分析法是在以往曾参与的投标项目中，选取各种条件相等的项目，进行单价的对比，找出差别，分析原因，属于编制错误的要进行调整。

2）在将基价调整完毕，确认基价准确的前提下，最后的工作是报价的最后确定。报价的确定包括对业主标底价的分析，对其他投标人的报价分析和保本红线价的分析。业主标底价的分析主要是充分了解业主的习惯做法，因为同一业主对招标工作均有其习惯做法，特别是其评标、定标的方法一般大同小异，因此投标人通过分析业主的习惯做法可确定业主对该工程采取可能的下浮率作为可能的标底价；对其他投标人的标价分析主要根据在以往的投标记录或通过搜集有关的资料，分析各投标人的标价变化范围，确定其最可能出现的报价；最后投标人要根据自己企业的实际管理水平、市场的实际价格确定工程的保本价，投标报出的价格不得低于红线保本价。投标人在通过上述分析后，将业主的可能标底价、其他投标人的可能报价和自己的报价结合业主的评标办法，确定本企业的最终报价。

成本测算方法归纳见表3-1。

**表3-1　成本测算方法**

| 序号 | 费用名称 | 费用类别 | 测算办法 |
|---|---|---|---|
| 1 | 人工费 | 从量 | 按劳务清包单价进入成本，包含劳务管理费（或工日费、专业分包费） |
| 2 | 水、电、焊等少数工种 | 从值 | 按现场最少配备数量，结合实际工资资金，按产值摊入相关成本 |
| 3 | 外分包项目 | 从量 | 按市场价综合进入成本 |
| 4 | 主要材料 | 从量 | 按实际价格进入成本 |
| 5 | 其他市场材料 | 从值 | 按同类工程的消耗量、按产值摊入成本 |
| 6 | 脚手架 | 从量 | 按确定的施工方案，定量计算人工费，材料宜按租赁费 |
| 7 | 竹胶模板 | 从量 | 按拟投入的数量及采购价，结合同类工程的周转次数全部摊销于该工程 |
| 8 | 设施材料 | 从值 | 按最小使用量及租赁费按工作量摊入成本 |
| 9 | 机械费 | 从量 | 按年折旧摊销或市场租赁费计算 |
| 10 | 大临设费 | 从量 | 按现场实际用量及市场价计算 |
| 11 | 其他直接费 | 从值 | 按现场实际情况结合同类工程资料测算（包含车辆及试验设备） |
| 12 | 现场管理费 | 从值 | 按现场实际已配管理人员的工资奖金标准及同类工程差旅费、交通费、办公费等测算 |
| 13 | 上缴公司管理费用 | 从值 | 按合同单价、公司规定费率计算 |
| 14 | 水电费 | 从值 | 预测总价按产值摊入 |
| 15 | 规费、税金 | 从值 | 按合同单价、国家规定费率计算 |

## 第二节　某小区园林绿化工程工程量清单投标报价实例

### 投标总价①

招　　标　　人：____________________

工　程　名　称：某小区园林绿化工程

投标总价（小写）：____________________

　　　　（大写）：____________________

投　标　人：____________________

（单位盖章）

法定代表人
或其授权人：____________________

（签字或盖章）

编　制　人②：____________________

（造价人员签字盖专用章）

编制时间：　　　年　　月　　日

① 投标总价

提示：投标总价是在工程采用招标发包的过程中，由投标人按照招标文件的要求，根据工程特点，结合自身的施工技术、装备和管理水平，并依据有关的计价规定自主确定的工程造价。

深化：投标报价是投标人希望达成工程承包交易的期望价格，且原则上不能高于招标人设定的招标控制价；而且根据《中华人民共和国招标投标法》规定，投标报价不能低于成本。

② 编制人

基本点：当投标人自行编制投标报价时，编制人需为投标人单位注册的造价人员（造价工程师或造价员）编制，签字并盖执业专业章；如委托具有相应资质的工程造价咨询人员，则为该工程造价咨询单位注册的造价人员编制。

### 总　说　明①

工程名称：某小区园林绿化工程　　　　第1页　共1页

1. 工程概况：本工程为小区园林绿化工程，计划工期为90日历天。

2. 投标报价包括范围：施工图范围内的园林绿化工程。

3. 招标控制价编制依据：

（1）某小区园林绿化施工图及投标施工组织设计。

（2）招标文件及其所提供的工程量清单和有关报价的要求，招标文件的补充通知和答疑纪要。

（3）有关的技术标准、规范和安全管理规定等。

（4）《20××年××市建设工程预算定额》和其相应的费用文件及××市有关的计价文件。

（5）材料价格根据本公司掌握的价格情况并参照××市建设工程造价管理处2010年7月《工程造价信息》发布的价格信息。

① 总说明（投标报价）

基本点：投标报价总说明的内容应包括：采用的计价依据，采用的施工组织设计，综合单价中风险因素、风险范围（幅度），措施项目的依据，其他有关内容的说明等。

深化：投标报价的总说明一般以工程量清单和招标控制价中的总说明为基础，明确报价的依据，尤其是关于价格、费用、文件等的列明；且具有针对性、时效性，不能依据过时的市场价格或费用文件及造价规定。

## 单位工程投标报价汇总表

工程名称：某小区园林绿化工程　　　　标段：　　　　第1页　共1页

| 序号 | 项目名称 | 金额 | 其中：暂估价/元 |
|---|---|---|---|
| 一 | 分部分项工程① | 6026205.2 | 1834414.76 |
| 1.1 | 建筑工程 | 32391.94 | 5221.21 |
| 1.2 | 装饰装修工程 | 138988.61 | |
| 1.3 | 园林绿化工程 | 5854824.65 | 1829193.55 |
| 二 | 措施项目 | 194583.96 | |
| 2.1 | 安全文明施工费 | 106126.43 | |
| 三 | 其他项目 | 431600 | — |
| 3.1 | 暂列金额 | 100000 | — |
| 3.2 | 专业工程暂估 | 300000 | — |
| 3.3 | 计日工 | 28000 | — |
| 3.4 | 总承包服务费 | 3600 | — |
| 四 | 规费 | 254172.08 | — |
| 4.1 | 工程排污费 | | |
| 4.2 | 社会保障费 | 196203.01 | |
| (1) | 养老保险费 | 124856.46 | |
| (2) | 失业保险费 | 17836.64 | |
| (3) | 医疗保险费 | 53509.91 | |
| 4.3 | 住房公积金 | 53509.91 | |
| 4.4 | 危险作业意外伤害保险 | 4459.16 | |
| 4.5 | 工程定额测定费 | | |
| 五 | 税金 | 234823.08 | — |
| | | | |
| | 投标报价合计=1+2+3+4+5 | | |

注：本表适用于单位工程招标控制价或投标报价的汇总，如无单位工程划分，单项工程也使用本表汇总。

① 分部分项工程

提示：分部工程是单位工程的组成部分。正如清单附录A中包括A.1土石方工程、A.2桩与地基基础工程等，这些就属于分部工程。一般建筑与装饰装修工程主要以主要部位划分，设备安装工程则主要按设备种类和型号、专业等划分。分项工程则是建设项目的基本组成单元，是由专业工种完成的中间产品。它可通过较为简单的施工过程就能生产出来。它是计算工料消耗的最基本的构造因素，在清单中则体现为清单附录中由项目编码、项目名称、项目特征、计量单位、工程量计算规则和工程内容规定的清单分项。

## 分部分项工程量清单与计价表

工程名称：某小区园林绿化工程　　标段：　　第1页　共5页

| 序号 | 项目编码 | 项目名称 | 项目特征描述① | 计量单位 | 工程量 | 金额/元 | | |
|---|---|---|---|---|---|---|---|---|
| | | | | | | 综合单价 | 合价 | 其中：暂估价 |
| A | | 建筑工程 | | | | | | |
| 1 | 010101001002 | 平整场地 | 中心广场平整场地 | $m^2$ | 577.4 | 1.93 | 1114.38 | |
| 2 | 010101003002 | 挖基础土方 | 1. 土方开挖<br>2. 基底钎探 | $m^3$ | 121.01 | 34.04 | 4119.18 | |
| 3 | 010302001001 | 实心砖墙 | 3/4砖实心砖外墙 | $m^3$ | 68.52 | 250.34 | 17153.3 | |
| 4 | 010402001001 | 现浇混凝土矩形柱 | 1. 200mm×200mm矩形柱<br>2. 混凝土级别：C20 | $m^3$ | 12.75 | 388.4 | 4952.1 | 3331.45 |
| 5 | 010402001002 | 矩形柱 | 混凝土强度等级：C20 | $m^3$ | 2.6 | 388.4 | 1009.84 | 679.35 |
| 6 | 010403001001 | 基础梁 | 1. 基础梁<br>2. 混凝土级别：C20 | $m^3$ | 4.5 | 376.26 | 1693.17 | 1210.41 |
| 7 | 010416001001 | 现浇混凝土钢筋 | 1. 钢筋（网、笼）制作、运输<br>2. 钢筋（网、笼）安装<br>3. 部位：独立基础 | t | 0.6 | 3916.61 | 2349.97 | |
| | | 分部小计 | | | | | 32391.94 | 5221.21 |
| B | | 装饰装修工程 | | | | | | |
| 8 | 020102001001 | 石材楼地面 | 300mm×300mm锈板文化石地面 | $m^2$ | 181 | 104.19 | 18858.39 | |
| 9 | 020102001002 | 石材楼地面 | 平台面灰色花岗石地面 | $m^2$ | 176.27 | 273.15 | 48148.15 | |
| 10 | 020102001003 | 石材楼地面 | 凹缝密拼100mm×115mm×400mm，光面连州青花岩石板 | $m^2$ | 97.92 | 273.15 | 26746.85 | |
| 11 | 020102001004 | 石材楼地面 | 平台面灰色花岗石板 | $m^2$ | 31.74 | 273.15 | 8669.78 | |
| 12 | 020102001005 | 石材楼地面 | 50mm厚粗面花岗石 | $m^2$ | 89.24 | 340.29 | 30367.48 | |
| 13 | 020205003001 | 块料柱面 | 45mm×195mm米黄色仿石砖块料柱面 | $m^2$ | 52 | 84.04 | 4370.08 | |
| 14 | 020301001001 | 顶棚抹灰 | 顶棚抹灰：混合砂浆两遍 | $m^2$ | 130.47 | 14.01 | 1827.88 | |
| | | 分部小计 | | | | | 138988.61 | |
| E | | 园林绿化工程 | | | | | | |
| 15 | 050101006001 | 整理绿化用地 | 1. 土壤类别：一、二类土<br>2. 取土运距：6km<br>3. 回填厚度：10cm | $m^2$ | 1500 | 5.7 | 8550 | |
| 16 | 050102001001 | 栽植千头椿 | 1. 乔木种类：千头椿<br>2. 乔木胸径：7～8cm<br>3. 养护期：3个月 | 株 | 73 | 472.76 | 34511.48 | |
| 17 | 050102001002 | 栽植合欢 | 1. 乔木种类：合欢<br>2. 乔木胸径：7～8cm<br>3. 养护期：3个月 | 株 | 31 | 320.58 | 9937.98 | |
| 18 | 050102001003 | 栽植栾树 | 1. 乔木种类：栾树<br>2. 乔木胸径：7～8cm<br>3. 养护期：3个月 | 株 | 44 | 312.9 | 13767.6 | |
| | 本页小计 | | | | | | | |

① 项目特征

深化：如对项目特征内容不进行描述，就等于不要求投标人报价，也就是不需要承包人施工，由此原因造成的损失将由发包人承担；如对项目特征内容描述有误，其责任也应由招标人承担，投标人只有建议权；而如果投标人对项目特征描述的内容不进行报价或丢弃部分描述报价，则视同其费用隐含在其他项目报价内或该项报价已包含所有招标人对其要求的工作内容的费用，如无变更洽商及市场价格未超出风险约定范围，该项单价将不做调整，损失由承包人自行承担；另外，部分特征描述的内容涉及施工方法、工艺的选择以及施工组织管理的安排，而对这些报价，投标人不可能完全一样，因此也是投标人进行充分竞争的地方。

## 分部分项工程量清单与计价表

工程名称：某小区园林绿化工程　　　　标段：　　　　第2页　共5页

| 序号 | 项目编码 | 项目名称 | 项目特征描述 | 计量单位 | 工程量[①] | 金额/元 | | |
|---|---|---|---|---|---|---|---|---|
| | | | | | | 综合单价 | 合价 | 其中：暂估价 |
| 19 | 050102001004 | 栽植西府海棠 | 1. 乔木种类：西府海棠<br>2. 乔木胸径：7～8cm<br>3. 养护期：3个月 | 株 | 5 | 406.13 | 2030.65 | |
| 20 | 050102001005 | 栽植毛白杨 | 1. 乔木种类：毛白杨<br>2. 乔木胸径：8～10cm<br>3. 养护期：3个月 | 株 | 112 | 579.34 | 64886.08 | |
| 21 | 050102001006 | 栽植二球悬铃木 | 1. 乔木种类：二球悬铃木<br>2. 乔木胸径：7～8cm<br>3. 养护期：3个月 | 株 | 17 | 472.76 | 8036.92 | |
| 22 | 050102001007 | 栽植紫叶李 | 1. 乔木种类：紫叶李<br>2. 乔木胸径：5～6cm<br>3. 养护期：3个月 | 株 | 48 | 459.42 | 22052.16 | |
| 23 | 050102001008 | 栽植槐树 | 1. 乔木种类：槐树<br>2. 乔木胸径：8～10cm<br>3. 养护期：3个月 | 株 | 108 | 472.76 | 51058.08 | |
| 24 | 050102001009 | 栽植垂柳 | 1. 乔木种类：垂柳<br>2. 乔木胸径：8～10cm<br>3. 养护期：3个月 | 株 | 12 | 472.76 | 5673.12 | |
| 25 | 050102001010 | 栽植旱柳 | 1. 乔木种类：旱柳<br>2. 乔木胸径：8～10cm<br>3. 养护期：3个月 | 株 | 163 | 472.76 | 77059.88 | |
| 26 | 050102001011 | 栽植馒头柳 | 1. 乔木种类：馒头柳<br>2. 乔木胸径：8～10cm<br>3. 养护期：3个月 | 株 | 37 | 472.76 | 17492.12 | |
| 27 | 050102001012 | 栽植油松 | 1. 乔木种类：油松<br>2. 乔木高：2.5～3.0m<br>3. 养护期：3个月 | 株 | 29 | 472.76 | 13710.04 | |
| 28 | 050102001013 | 栽植云杉 | 1. 乔木种类：云杉<br>2. 乔木高：2.5～3.0m<br>3. 养护期：3个月 | 株 | 28 | 472.76 | 13237.28 | |
| 29 | 050102001014 | 栽植河南桧 | 1. 乔木种类：河南桧<br>2. 乔木高：2.0～2.5m<br>3. 养护期：3个月 | 株 | 59 | 472.76 | 27892.84 | |
| 30 | 050102002001 | 栽植早园竹 | 1. 竹种类：早园竹<br>2. 竹高：200～250cm | 株 | 5940 | 116.49 | 691950.6 | |
| 31 | 050102004001 | 栽植紫珠 | 1. 灌木种类：紫珠<br>2. 冠丛高：1.2～1.5m<br>3. 养护期：3个月 | 株 | 36 | 91.39 | 3290.04 | |
| 32 | 050102004002 | 栽植平枝栒子 | 1. 灌木种类：平枝栒子<br>2. 冠丛高：1.0～1.2m<br>3. 养护期：3个月 | 株 | 31 | 80.73 | 2502.63 | |
| 33 | 050102004003 | 栽植海州常山 | 1. 灌木种类：海州常山<br>2. 冠丛高：1.2～1.5m<br>3. 养护期：3个月 | 株 | 25 | 187.31 | 4682.75 | |
| | 本页小计 | | | | | | | |

① 工程量

难点：工程量的计算必须依照《建设工程工程量清单计价规范》（GB 50500—2008）附录中规定的计算规则计算，全国标准一致并统一，这是因为各地方定额或消耗量的计算规则不尽相同，如清单中规定金属扶手带栏杆、栏板项目的计算规则是以设计图示尺寸以扶手中心线长度计算的，而有些地方则是以扶手中心线长度乘以高度以面积计算的。

## 分部分项工程量清单与计价表

工程名称：某小区园林绿化工程　　　　标段：　　　　第3页　共5页

| 序号 | 项目编码 | 项目名称 | 项目特征描述 | 计量单位 | 工程量 | 金额/元 | | |
|---|---|---|---|---|---|---|---|---|
| | | | | | | 综合单价 | 合价 | 其中：暂估价 |
| 34 | 050102004004 | 栽植“主教”红端木 | 1. 灌木种类：“主教”红端木<br>2. 冠丛高：1.0~1.2m<br>3. 养护期：3个月 | 株 | 39 | 187.31 | 7305.09 | |
| 35 | 050102004005 | 栽植黄栌 | 1. 灌木种类：黄栌<br>2. 冠丛高：1.8~2.0m<br>3. 养护期：3个月 | 株 | 44 | 138.93 | 6112.92 | |
| 36 | 050102004006 | 栽植连翘 | 1. 灌木种类：连翘<br>2. 冠丛高：1.2~1.5m<br>3. 养护期：3个月 | 株 | 73 | 187.31 | 13673.63 | |
| 37 | 050102004007 | 栽植木槿 | 1. 灌木种类：木槿<br>2. 冠丛高：1.5~1.8m<br>3. 养护期：3个月 | 株 | 51 | 135.81 | 6926.31 | |
| 38 | 050102004008 | 栽植重瓣棣棠花 | 1. 灌木种类：重瓣棣棠花<br>2. 冠丛高：0.8~1.0m<br>3. 养护期：3个月 | 株 | 1090 | 80.73 | 87995.7 | |
| 39 | 050102004009 | 栽植棣棠花 | 1. 灌木种类：棣棠花<br>2. 冠丛高：1.2~1.5m<br>3. 养护期：3个月 | 株 | 570 | 112.71 | 64244.7 | |
| 40 | 050102004010 | 栽植紫薇 | 1. 灌木种类：紫薇<br>2. 冠丛高：1.5~1.8m<br>3. 养护期：3个月 | 株 | 56 | 114.49 | 6411.44 | |
| 41 | 050102004011 | 栽植金银木 | 1. 灌木种类：金银木<br>2. 冠丛高：1.2~1.5m<br>3. 养护期：3个月 | 株 | 58 | 112.71 | 6537.18 | |
| 42 | 050102004012 | 栽植黄刺玫 | 1. 灌木种类：黄刺玫<br>2. 冠丛高：1.2~1.5m<br>3. 养护期：3个月 | 株 | 78 | 112.71 | 8791.38 | |
| 43 | 050102004013 | 栽植华北珍珠梅 | 1. 灌木种类：华北珍珠梅<br>2. 冠丛高：1.2~1.5m<br>3. 养护期：3个月 | 株 | 57 | 91.39 | 5209.23 | |
| 44 | 050102004014 | 栽植华北紫丁香 | 1. 灌木种类：华北紫丁香<br>2. 冠丛高：1.2~1.8m<br>3. 养护期：3个月 | 株 | 108 | 91.39 | 9870.12 | |
| 45 | 050102004015 | 栽植珍珠绣线菊 | 1. 灌木种类：珍珠绣线菊<br>2. 冠丛高：1.0~1.2m<br>3. 养护期：3个月 | 株 | 64 | 91.39 | 5848.96 | |
| 46 | 050102004016 | 栽植鸡树条荚蒾 | 1. 灌木种类：鸡树条荚蒾<br>2. 冠丛高：1.0~1.2m<br>3. 养护期：3个月 | 株 | 51 | 91.39 | 4660.89 | |
| 本页小计 | | | | | | | 233587.55 | |

## 分部分项工程量清单与计价表

工程名称：某小区园林绿化工程　　　　标段：　　　　第4页　共5页

| 序号 | 项目编码 | 项目名称 | 项目特征描述 | 计量单位 | 工程量 | 金额/元 | | |
|---|---|---|---|---|---|---|---|---|
| | | | | | | 综合单价 | 合价 | 其中：暂估价 |
| 47 | 050102004017 | 栽植红王子锦带 | 1. 灌木种类：红王子锦带<br>2. 冠丛高：1.0～1.2m<br>3. 养护期：3个月 | 株 | 48 | 91.39 | 4386.72 | |
| 48 | 050102004018 | 栽植大叶黄杨球 | 1. 灌木种类：大叶黄杨球<br>2. 直径：0.6～0.8m<br>3. 养护期：3个月 | 株 | 18 | 91.39 | 1645.02 | |
| 49 | 050102004019 | 栽植金叶女贞球 | 1. 灌木种类：金叶女贞球<br>2. 直径：0.6～0.8m<br>3. 养护期：3个月 | 株 | 11 | 80.73 | 888.03 | |
| 50 | 050102005001 | 栽植五叶地锦 | 1. 苗木种类：五叶地锦<br>2. 生长年限：3年<br>3. 养护期：3个月 | m | 243 | 41.78 | 10152.54 | |
| 51 | 050102006001 | 栽植迎春花 | 1. 植物种类：迎春花<br>2. 生长年限：3年<br>3. 养护期：3个月 | 株 | 2530 | 29.85 | 75520.5 | |
| 52 | 050102007001 | 栽植铺地柏 | 1. 苗木种类：铺地柏<br>2. 苗木株高：0.5～0.8m<br>3. 养护期：3个月 | $m^2$ | 250 | 345.84 | 86460 | |
| 53 | 050102007002 | 栽植大叶黄杨 | 1. 苗木种类：大叶黄杨<br>2. 苗木株高：0.5～0.8m<br>3. 养护期：3个月 | $m^2$ | 1160 | 281.58 | 326632.8 | |
| 54 | 050102008001 | 栽植紫叶小檗 | 1. 花卉种类：紫叶小檗<br>2. 株高：0.5～0.8m<br>3. 养护期：3个月 | 株 | 2592 | | | |
| 55 | 050102008002 | 栽植玉簪 | 1. 花卉种类：玉簪<br>2. 生长年限：3年<br>3. 养护期：3个月 | 株 | 1629 | | | |
| 56 | 050102008003 | 栽植大花萱草 | 1. 花卉种类：大花萱草<br>2. 生长年限：3年<br>3. 养护期：3个月 | 株 | 2080 | | | |
| 57 | 050102008004 | 栽植黄娃娃鸢尾 | 1. 花卉种类：黄娃娃鸢尾<br>2. 芽数：2～3芽<br>3. 养护期：3个月 | 株 | 1300 | | | |
| 58 | 050102008005 | 栽植丰花月季 | 1. 花卉种类：丰花月季<br>2. 生长年限：多年<br>3. 养护期：3个月 | 株 | 3288 | | | |
| 59 | 050102011001 | 喷播冷季型草 | 1. 草籽种类：冷季型草<br>2. 养护期：3个月 | $m^2$ | 27225 | 15.11 | 411369.75 | |
| 60 | 050201001001 | 园路工程 | 1. 垫层厚度、宽度、材料种类：100mm厚混凝土垫层，150mm厚级配砂石<br>2. 路面规格、宽度、材料种类：35mm厚青石板<br>3. 砂浆强度等级：20mm厚1:3干硬性水泥砂浆<br>4. 混凝土强度等级：C15 | $m^2$ | 3251 | 134.43 | 437031.93 | 249033.1 |
| 本页小计 | | | | | | | | |

## 分部分项工程量清单与计价表

工程名称：某小区园林绿化工程　　　　　　　　　标段：　　　　　　　　　　　　第5页　共5页

| 序号 | 项目编码 | 项目名称 | 项目特征描述 | 计量单位 | 工程量 | 金额/元 | | |
|---|---|---|---|---|---|---|---|---|
| | | | | | | 综合单价 | 合价 | 其中：暂估价 |
| 61 | 050201001002 | 园路工程 | 1. 垫层厚度、宽度、材料种类：100mm厚混凝土垫层，150mm厚级配砂石<br>2. 路面规格、宽度、材料种类：60mm厚透水砖<br>3. 混凝土强度等级：C15 | $m^2$ | 6215 | 130.89 | 813481.35 | 476081.43 |
| 62 | 050201001003 | 园路工程 | 1. 垫层厚度、宽度、材料种类：100mm厚混凝土垫层，150mm厚级配砂石<br>2. 路面规格、宽度、材料种类：60mm厚混凝土砖<br>3. 混凝土强度等级：C15 | $m^2$ | 8428 | 130.89 | 1103140.92 | 645601.66 |
| 63 | 050201001004 | 园路工程（停车场） | 1. 垫层厚度、宽度、材料种类：150mm厚混凝土垫层，250mm厚级配砂石<br>2. 路面规格、宽度、材料种类：60mm厚混凝土砖<br>3. 混凝土强度等级：C15 | $m^2$ | 5126 | 163.36 | 837383.36 | 458279.78 |
| 64 | 050201002001 | 路牙铺设 | 1. 垫层厚度、材料种类：250mm厚级配砂石<br>2. 路牙材料种类、规格：混凝土透水砖立砌<br>3. 砂浆强度等级：1:3干硬性水泥砂浆 | m | 1 | 49.75 | 49.75 | 31 |
| 65 | 050201014001 | 木栏杆扶手 | 美国南方松木栏杆扶手 | m | 167 | 219.07 | 36584.69 | |
| 66 | 050201016001 | 木制步桥 | 美国南方松木桥面板，M12膨胀螺栓固定 | $m^2$ | 831.6 | 462.77 | 384839.53 | |
| 67 | 050301001001 | 原木（带树皮）柱、梁、檩、椽 | 原木200mm，美国南方松木柱制作、安装 | m | 62.2 | 77.08 | 4794.38 | 37.47 |
| 68 | 050301001002 | 原木（带树皮）柱、梁、檩、椽 | 遮雨廊美国南方松木（带树皮）柱、梁、檩 | m | 94 | 72.67 | 6830.98 | 28.31 |
| 69 | 050304001001 | 木制飞来椅 | 坐凳面、靠背扶手、靠背、楣子制作和安装 | m | 16 | 448.26 | 7172.16 | |
| 70 | 050304006001 | 石桌石凳 | 桌、凳安装和砌筑 | 个 | 18 | 30.58 | 550.44 | 100.8 |
| | | 分部小计 | | | | | 5854824.65 | 1829193.55 |
| | | | | | | | | |
| | | | | | | | | |
| | | | | | | | | |
| 本页小计 | | | | | | | | |
| 合　计 | | | | | | | | |

注：根据原建设部、财政部发布的《建筑安装工程费用组成》（建标［2003］206号）的规定，为记取规费等的使用，可以在表中增设其中："直接费"、"人工费"或"人工费+机械费"。

## 措施项目[①]清单与计价表（一）

工程名称：某小区园林绿化工程　　标段：　　第1页　共1页

| 序号 | 项目名称 | 基数说明 | 费率（%） | 金额/元 |
|---|---|---|---|---|
| 1 | 安全文明施工费 | 分部分项直接费 | 2.54 | 106126.43 |
| 2 | 夜间施工费 | | | |
| 3 | 二次搬运费 | 分部分项主材费 | 2.5 | 34574.99 |
| 4 | 冬、雨期施工 | | | |
| 5 | 大型机械设备进出场及安拆费 | | | |
| 6 | 施工排水 | | | |
| 7 | 施工降水 | | | |
| 8 | 地上、地下设施，建筑物的临时保护设施 | | | |
| 9 | 已完工程及设备保护 | | | |
| 合计 | | | | |

注：1. 本表适用于以“项”计价的措施项目。

2. 根据原建设部、财政部发布的《建筑安装工程费用组成》（建标［2003］206号）的规定，“计算基础”可为“直接费”、“人工费”或“人工费+机械费”。

① 深化：《建设工程工程量清单计价规范》（GB 50500—2008）附录中各专业工程的措施项目包含通用措施项目清单，这部分内容各专业工程均可计入；而另一类措施项目为各专业工程的专用措施项目，如建筑工程中有“混凝土、钢筋混凝土模板及支架”措施项目，装饰装修工程中有“室内空气污染测试”措施项目等。还有一种情况是，当具体工程中有《建设工程工程量清单计价规范》（GB 50500—2008）附录中未列明的措施项目发生时，也可根据实际情况进行补充，如当招标方需要投标人对“工程施工扰民及民扰问题”进行措施项目报价。

## 措施项目清单与计价表（二）

工程名称：某小区园林绿化工程　　标段：　　第1页　共1页

| 序号 | 项目编码 | 项目名称 | 项目特征描述 | 计量单位 | 工程量 | 金额/元 | |
|---|---|---|---|---|---|---|---|
| | | | | | | 综合单价 | 合价 |
| 1 | EB001[①] | 满堂脚手架 | 1. 脚手架搭设<br>2. 脚手架拆卸 | $m^2$ | 1080 | 8.14 | 8791.2 |
| 2 | EB002 | 工程水电费 | 工程过程中的水电消耗 | $m^2$ | 12154 | 3.71 | 45091.34 |
| 本页小计 | | | | | | | |
| 合计 | | | | | | | |

注：本表适用于以综合单价形式计价的措施项目。

① 补充清单

深化：补充清单项目应报省级或行业工程造价管理机构备案，省级或行业工程造价管理机构应汇总报住房和城乡建设部标准定额研究所；尤其是工程建设中的一些新材料、新技术、新工艺的补充清单项目，对其项目特征的描述更应详细、具体，工程量计算规则和工作内容的描述也应清楚明了。

## 其他项目清单与计价汇总表

工程名称：某小区园林绿化工程　　　　标段：　　　　第1页　共1页

| 序　号 | 项目名称 | 计量单位 | 金额/元 | 备　注 |
|---|---|---|---|---|
| 1 | 暂列金额 | 项 | 100000 | |
| 2 | 暂估价 | | 300000 | |
| 2.1 | 材料暂估价① | | — | |
| 2.2 | 专业工程暂估价 | 项 | 300000 | |
| 3 | 计日工 | | 28000 | |
| 4 | 总承包服务费 | | 3600 | |
| 合　计 | | | | — |

注：材料暂估单价计入清单项目综合单价，此处不汇总。

① 材料暂估价

深化：在其他项目清单与计价汇总表中，材料暂估价是不计入合计栏的，因为材料暂估价已经体现在分部分项工程量清单部分含有暂估价材料的清单项目中，其价格也已经包含在分部分项工程量清单与计价中，因此在此表中不能重复计算，以免造成工程造价的失实。

## 暂列金额①明细表

工程名称：某小区园林绿化工程　　　　标段：　　　　第1页　共1页

| 序　号 | 名　称 | 计量单位 | 暂定金额 | 备　注 |
|---|---|---|---|---|
| 1 | 暂列金额 | 元 | 100000 | |
| 合　计 | | | | — |

注：此表由招标人填写，如不能详列，也可只列暂列金额总额，投标人应将上述暂列金额计入投标总价中。

① 暂列金额

深化：在办理竣工结算时，将无此项费用，因其内容可能没有发生，即使发生也已经包含在分部分项工程量清单、措施项目清单、索赔与现场签证等项目中，而在招标清单中列出此表是使工程量清单更贴近实际，将可预见的风险先暂定在此，因此招标人可以更客观准确地认识投标人的报价，并在今后的工程中了解风险的控制。

## 材料暂估单价①表

工程名称：某小区园林绿化工程　　　　标段：　　　　第1页　共1页

| 序　号 | 材料名称、规格、型号 | 计量单位 | 单价/元 | 备　注 |
|---|---|---|---|---|
| 02022 | 混凝土块道牙 | m | 31 | |
| 04079 | 混凝土砌块砖 200mm×100mm×60mm | 块 | 1 | |
| 40006 | C15 预拌混凝土 | $m^3$ | 251 | |
| 40007 | C20 预拌混凝土 | $m^3$ | 265 | |
| 40012 | C20 预拌豆石混凝土 | $m^3$ | 280 | |

注：1. 此表由招标人填写，并在备注栏说明暂估价的材料拟用在哪些清单项目中，投标人应将上述材料暂估单价计入工程量清单综合单价报价中。

2. 材料包括原材料、燃料、构（配）件以及规定应计入建筑安装工程造价的设备。

① 材料暂估价

深化：一般作为暂估价的材料，在招标的工程中有着很重要的作用，如招标人一般将建筑工程中的钢筋和预拌混凝土、装饰装修工程中的面砖列为暂估价，因其在工程中的重要地位，先暂定价格，以免投标人在报价上进行不平衡报价而在这类重要材料上有过高或过低的报价；有些材料设备的价格需要设计深化才能确定或还未选定具体样式材质等，如装饰装修工程中的石材和门窗，安装工程中的各类设备和配电箱等，如不暂估价格，因标准不明确而使投标人无法确定其价格或金额，且使双方的风险加大。

## 专业工程暂估价[①]表

工程名称：某小区园林绿化工程　　标段：　　第1页　共1页

| 序　　号 | 工程名称 | 工程内容 | 金额/元 | 备　　注 |
|---|---|---|---|---|
| 1 | 喷管系统工程 | | 300000 | |
| 合　　计 | | | | — |

注：此表由招标人填写，投标人应将上述专业工程暂估价计入投标总价中。

① 专业工程暂估价

提示：专业工程暂估价为招标人在工程量清单中提供的在工程中必然发生而需另行发包的专业工程金额。

深化：因为在实际招标过程中一般实行施工总承包招标，而有些项目由于专业性很强等原因，且其施工或在总承包方进场之前进行，如大型的地基处理、降水、护坡工程等；或在总承包方施工结束之后进行，如大面积的外装饰（玻璃、石材、铝板幕墙）独立性较强的钢结构雨篷、标识、中水站等。虽然这部分内容不在总承包方的施工范围之内，但其是该招标项目中不可缺少并发挥效益的部分，因此必须暂定价格并列入总造价，有利于招标方以后的总体投资控制。

## 计日工[①]表

工程名称：某小区园林绿化工程　　标段：　　第1页　共1页

| 编　　号 | 项目名称 | 单　　位 | 暂定数量 | 综合单价 | 合　　价 |
|---|---|---|---|---|---|
| 1 | 人工 | | | | |
| 1.1 | 零工 | 工日 | 50 | 60 | 3000 |
| 人工小计 | | | | | 3000 |
| 2 | 材料 | | | | |
| 2.1 | 透水砖 | $m^2$ | 500 | 32 | 16000 |
| 材料小计 | | | | | 16000 |
| 3 | 机械 | | | | |
| 3.1 | 起重机械 | 台班 | 15 | 600 | 9000 |
| 机械小计 | | | | | 9000 |
| 总　　计 | | | | | 28000 |

注：此表项目名称、数量由招标人填写，编制招标控制价时，单价由招标人按有关计价规定确定；投标时，单价由投标人自主报价，计入投标总价中。

① 计日工

深化：计日工单价的确定为今后因额外工作及变更的计价提供了一个方便、快捷的途径。计日工单价一般高于工程量清单单价水平，因其一般用于突发性的额外工作，缺少计划性，这就不可避免地影响了承包方的已订计划，使得生产效率降低；并且招标方必须暂定一个数量以规范投标人的报价，且该数量应尽可能地贴近实际，以体现工程造价的准确性，从而更好地控制投资和成本。

## 总承包服务费计价表①

工程名称：某小区园林绿化工程　　标段：　　第1页　共1页

| 序　号 | 项目名称 | 项目价值/元 | 服务内容 | 费率（%） | 金额/元 |
|---|---|---|---|---|---|
| 1 | 喷灌系统工程 | 300000 | 对分包工程进行总承包管理和协调，并按专业工程的要求配合专业厂家进行安装 | 1.2 | 3600 |
| 合　计 | | | | | |

① 总承包服务费

提示：总承包服务费是总承包人为配合协调发包人进行工程分包，自行采购设备、材料等进行管理、服务及施工现场管理，还有竣工资料整理汇总等服务应得的费用。

深化：根据发包人分包项目或采购设备的具体情况，总承包的服务范围和所需的费用不尽相同，如对于设备材料的保管与对分包工程的管理的记取费率就相差较大。一般还需根据分包工程与总承包方的交叉作业程度、配合程度和设备的存放要求时间等具体情况来确定服务费用。

## 规费、税金项目清单与计价表

工程名称：某小区园林绿化工程　　标段：　　第1页　共1页

| 序　号 | 项目名称 | 计算基础 | 费率（%） | 金额/元 |
|---|---|---|---|---|
| 1 | 规费① | 工程排污费＋社会保障费＋住房公积金＋危险作业意外伤害保险＋工程定额测定费 | | 254172.08 |
| 1.1 | 工程排污费 | | | |
| 1.2 | 社会保障费 | 养老保险费＋失业保险费＋医疗保险费 | | 196203.01 |
| 1.2.1 | 养老保险费 | 分部分项人工费＋技术措施项目人工费 | 14 | 124856.46 |
| 1.2.2 | 失业保险费 | 分部分项人工费＋技术措施项目人工费 | 2 | 17836.64 |
| 1.2.3 | 医疗保险费 | 分部分项人工费＋技术措施项目人工费 | 6 | 53509.91 |
| 1.3 | 住房公积金 | 分部分项人工费＋技术措施项目人工费 | 6 | 53509.91 |
| 1.4 | 危险作业意外伤害保险 | 分部分项人工费＋技术措施项目人工费 | 0.5 | 4459.16 |
| 2 | 税金 | 分部分项工程＋措施项目＋其他项目＋规费 | 3.4 | 234823.08 |
| 合　计 | | | | |

注：根据原建设部、财政部发布的《建筑安装工程费用组成》（建标［2003］206号）的规定，“计算基础”可为“直接费”、“人工费”或“人工费＋机械费”。

① 规费

深化：规费由施工企业根据省级政府或省级有关权力部门的规定进行缴纳，但在工程建设项目施工中的记取标准和办法由国家级、省级建设行政主管部门依据省级政府或省级有关权力部门的相关规定制定，例如一般各省级的建设工程造价管理处都会有相关文件规定，或统一费率，或针对各个企业核定一个费率。

## 主要材料报价表①

工程名称：某小区园林绿化工程　　　　第1页　共1页

| 序号 | 名称及规格 | 计量单位 | 数量 | 报价/元 | | 备注 |
|---|---|---|---|---|---|---|
| | | | | 单价 | 合价 | |
| 1 | 水泥综合 | kg | 119899.4162 | 0.366 | 43883.19 | |
| 2 | 砂子 | kg | 941080.7568 | 0.067 | 63052.41 | |
| 3 | 天然砂石 | kg | 9620606.25 | 0.051 | 490650.92 | |
| 4 | 混凝土砌块砖 200mm×100mm×60mm | 块 | 1174020 | 1 | 1174020 | |
| 5 | 花岗岩，厚30mm | $m^2$ | 308.9893 | 220 | 67977.65 | |
| 6 | 毛面花岗石板，厚50mm | $m^2$ | 90.1324 | 280 | 25237.07 | |
| 7 | 松木桥面板 | $m^2$ | 835.758 | 340.13 | 284266.37 | |
| 8 | 槐树 | 株 | 109.62 | 350 | 38367 | |
| 9 | 旱柳 | 株 | 165.445 | 350 | 57905.75 | |
| 10 | 河南桧 | 株 | 59.885 | 350 | 20959.75 | |
| 11 | 毛白杨 | 株 | 113.68 | 450 | 51156 | |
| 12 | 千头椿 | 株 | 74.095 | 350 | 25933.25 | |
| 13 | 重瓣棣棠花 | 株 | 1106.35 | 50 | 55317.5 | |
| 14 | 棣棠花 | 株 | 578.55 | 80 | 46284 | |
| 15 | 铺地柏 | 株 | 1530 | 50 | 76500 | |
| 16 | 大叶黄杨 | 株 | 14198.4 | 20 | 283968 | |
| 17 | 早园竹 | 株丛 | 6177.6 | 80 | 494208 | |
| 18 | 迎春花 | 株 | 2580.6 | 25 | 64515 | |
| 19 | 农药综合 | kg | 2256.19 | 23.4 | 52794.85 | |
| 20 | 水费 | t | 37433.797 | 5.6 | 209629.26 | |

① 主要材料报价表

基本点：部分招标文件要求投标人在投标时，编制主要材料报价表；因为在建设工程中，往往有些材料在工程造价和工程实际中有着重要地位，而对这部分的材料价格的评定也可作为招标投标过程中评标的重要依据，并且防止投标人进行不平衡报价。

## 单位工程人、材、机汇总表①

工程名称：某小区园林绿化工程　　　　第1页　共3页

| 序号 | 名称及规格 | 单位 | 数量 | 市场价 | 合计 |
|---|---|---|---|---|---|
| 一、 | 人工类别 | | | | |
| 1 | 综合工日 | 工日 | 524.1569 | 48 | 25159.53 |
| 2 | 综合工日 | 工日 | 6070.8031 | 48 | 291398.55 |
| 3 | 综合工日 | 工日 | 4027.6721 | 48 | 193328.26 |
| 4 | 综合工日 | 工日 | 1225.4761 | 48 | 58822.85 |
| 5 | 综合工日 | 工日 | 83.106 | 48 | 3989.09 |
| 6 | 综合工日 | 工日 | 6156.3003 | 48 | 295502.41 |
| 7 | 综合工日 | 工日 | 40.664 | 48 | 1951.87 |
| 8 | 综合工日 | 工日 | 41.504 | 48 | 1992.19 |
| 9 | 综合工日 | 工日 | 6.84 | 48 | 328.32 |
| 10 | 其他人工费 | 元 | 19362.3317 | 1 | 19362.33 |
| 二、 | 配合比类别 | | | | |
| 1 | 1:2 水泥砂浆 | $m^3$ | 42.0559 | 295.72 | 12436.77 |
| 2 | 1:2.5 水泥砂浆 | $m^3$ | 12.7475 | 269.27 | 3432.52 |
| 3 | 1:3 水泥砂浆 | $m^3$ | 0.012 | 253.5 | 3.04 |
| 4 | 1:3 石灰砂浆 | $m^3$ | 0.006 | 158.57 | 0.95 |
| 5 | M5 混合砂浆 | $m^3$ | 84.192 | 205.23 | 17278.72 |
| 6 | M5 水泥砂浆 | $m^3$ | 18.1578 | 185.77 | 3373.17 |
| 三、 | 材料类别 | | | | |
| 1 | 钢筋，Φ10 以内 | kg | 246 | 3.2 | 787.2 |
| 2 | 钢筋，Φ10 以外 | kg | 369 | 3.2 | 1180.8 |
| 3 | 水泥综合 | kg | 119899.4162 | 0.366 | 43883.19 |
| 4 | 混凝土块道牙 | m | 1 | 31 | 31 |
| 5 | 板方材 | $m^3$ | 6.8728 | 1198 | 8233.61 |
| 6 | 硬木扶手，直形，150mm×60mm | m | 175.35 | 100 | 17535 |
| 7 | 硬木弯头 | 个 | 110.22 | 24.6 | 2711.41 |
| 8 | 车花木栏杆，Φ40 | m | 601.2 | 12.04 | 7238.45 |
| 9 | 烘干板方材 | $m^3$ | 1.632 | 2670 | 4357.44 |
| 10 | 红机砖 | 块 | 34945.2 | 0.177 | 6185.3 |
| 11 | 石灰 | kg | 8492.578 | 0.23 | 1953.29 |
| 12 | 砂子 | kg | 941080.7568 | 0.067 | 63052.41 |
| 13 | 白灰 | kg | 182.0571 | 0.23 | 41.87 |
| 14 | 天然砂石 | kg | 9620606.25 | 0.051 | 490650.92 |
| 15 | 混凝土砌块砖 200mm×100mm×60mm | 块 | 1174020 | 1 | 1174020 |
| 16 | 方整石板 $\delta=20\sim25$mm | $m^2$ | 186.43 | 60.09 | 11202.58 |
| 17 | 仿石砖 0.01$m^2$ 以内 | $m^2$ | 45.448 | 27.6 | 1254.36 |
| 18 | 花岗岩，厚30mm | $m^2$ | 308.9893 | 220 | 67977.65 |
| 19 | 毛面花岗岩板，厚50mm | $m^2$ | 90.1324 | 280 | 25237.07 |
| 20 | 螺栓 | 个 | 35.2656 | 3.73 | 131.54 |
| 21 | 铁件 | kg | 35.8736 | 3.1 | 111.21 |
| 22 | 预埋件 | kg | 187.207 | 2.98 | 557.88 |
| 23 | 乳液型建筑胶粘剂 | kg | 2.236 | 1.6 | 3.58 |

① 单位工程人、材、机汇总表

基本点：单位工程人、材、机汇总表能够全面地反映整个单位工程人、材、机的组成，对其查阅可以检查工程量清单组价过程中是否存在因人为原因使得单价与实际相差甚远或数量与实际相差甚多等问题；在工程实际施工过程中也可作为承包人对人、材、机组织安排的计划依据。

## 单位工程人、材、机汇总表

工程名称：某小区园林绿化工程　　　　第2页　共3页

| 序号 | 名称及规格 | 单位 | 数量 | 市场价 | 合计 |
|---|---|---|---|---|---|
| 24 | 乳胶 | kg | 2.672 | 4.6 | 12.29 |
| 25 | 防腐油 | kg | 4.7 | 1.48 | 6.96 |
| 26 | 建筑胶 | kg | 7.9587 | 1.84 | 14.64 |
| 27 | 电 | 度 | 20904.88 | 0.98 | 20486.78 |
| 28 | 无纺布 | kg | 490.05 | 5 | 2450.25 |
| 29 | C15 预拌混凝土 | $m^3$ | 2609.7281 | 251 | 655041.75 |
| 30 | C20 预拌混凝土 | $m^3$ | 19.7026 | 265 | 5221.19 |
| 31 | C20 预拌豆石混凝土 | $m^3$ | 0.36 | 280 | 100.8 |
| 32 | 松木桥面板 | $m^2$ | 835.758 | 340.13 | 284266.37 |
| 33 | 毛竹尖 | 根 | 1532 | 1.3 | 1991.6 |
| 34 | 农药综合 | kg | 2256.19 | 23.4 | 52794.85 |
| 35 | 喷播胶黏剂 | kg | 35.3925 | 35 | 1238.74 |
| 36 | 喷播保水剂 | kg | 108.9 | 28 | 3049.2 |
| 37 | 复合肥 | kg | 163.35 | 15 | 2450.25 |
| 38 | 肥料综合 | kg | 6467.18 | 1.89 | 12222.97 |
| 39 | 草坪肥 | kg | 2722.5 | 2 | 5445 |
| 40 | 尿素 | kg | 54.45 | 1.5 | 81.68 |
| 41 | 其他材料费 | 元 | 13397.8722 | 1 | 13397.87 |
| 42 | 水费 | t | 37433.797 | 5.6 | 209629.26 |
| 43 | 钢筋成型加工及运费，Φ10 以内 | kg | 246 | 0.135 | 33.21 |
| 44 | 钢筋成型加工及运费，Φ10 以外 | kg | 369 | 0.101 | 37.27 |
| 45 | 脚手架租赁费 | 元 | 3279.528 | 1 | 3279.53 |
| 四、 | 机械类别 | | | | |
| 1 | 载重汽车，4t | 台班 | 46.204 | 275.62 | 12734.75 |
| 2 | 洒水车，4000L | 台班 | 0.09 | 327.75 | 29.5 |
| 3 | 喷播机，2.5t | 台班 | 26.136 | 349.71 | 9140.02 |
| 4 | 剪草机 | 台班 | 190.575 | 94.15 | 17942.64 |
| 5 | 碾压机 | 台班 | 11.897 | 374.53 | 4455.78 |
| 6 | 自卸汽车，8t | 台班 | 5.55 | 489.72 | 2717.95 |
| 7 | 喷药车 | 台班 | 167.08 | 276.33 | 46169.22 |
| 8 | 其他机具费 | 元 | 42132.7628 | 1 | 42132.76 |
| 五、 | 主材类别 | | | | |
| 1 | 紫叶李 | 株 | 48.72 | 350 | 17052 |
| 2 | 槐树 | 株 | 109.62 | 350 | 38367 |
| 3 | 垂柳 | 株 | 12.18 | 350 | 4263 |
| 4 | 旱柳 | 株 | 165.445 | 350 | 57905.75 |
| 5 | 馒头柳 | 株 | 37.555 | 350 | 13144.25 |
| 6 | 油松 | 株 | 29.435 | 350 | 10302.25 |
| 7 | 云杉 | 株 | 28.42 | 350 | 9947 |
| 8 | 河南桧 | 株 | 59.885 | 350 | 20959.75 |
| 9 | 合欢 | 株 | 31.465 | 250 | 7866.25 |
| 10 | 栾树 | 株 | 44.66 | 200 | 8932 |

## 单位工程人、材、机汇总表

工程名称：某小区园林绿化工程　　　　第3页　共3页

| 序号 | 名称及规格 | 单位 | 数量 | 市场价 | 合计 |
| --- | --- | --- | --- | --- | --- |
| 11 | 毛白杨 | 株 | 113.68 | 450 | 51156 |
| 12 | 二球悬铃木 | 株 | 17.255 | 350 | 6039.25 |
| 13 | 千头椿 | 株 | 74.095 | 350 | 25933.25 |
| 14 | 西府海棠 | 株 | 5.075 | 300 | 1522.5 |
| 15 | 海州常山 | 株 | 25.375 | 150 | 3806.25 |
| 16 | 木槿 | 株 | 51.765 | 100 | 5176.5 |
| 17 | 重瓣棣棠花 | 株 | 1106.35 | 50 | 55317.5 |
| 18 | 棣棠花 | 株 | 578.55 | 80 | 46284 |
| 19 | 紫薇 | 株 | 56.84 | 80 | 4547.2 |
| 20 | 金银木 | 株 | 58.87 | 80 | 4709.6 |
| 21 | 黄刺玫 | 株 | 79.17 | 80 | 6333.6 |
| 22 | 华北珍珠梅 | 株 | 57.855 | 60 | 3471.3 |
| 23 | 华北紫丁香 | 株 | 109.62 | 60 | 6577.2 |
| 24 | 珍珠绣线菊 | 株 | 64.96 | 60 | 3897.6 |
| 25 | 鸡树条荚蒾 | 株 | 51.765 | 60 | 3105.9 |
| 26 | 紫珠 | 株 | 36.54 | 60 | 2192.4 |
| 27 | 红王子锦带 | 株 | 48.72 | 60 | 2923.2 |
| 28 | 大叶黄杨球 | 株 | 18.27 | 60 | 1096.2 |
| 29 | 金叶女贞球 | 株 | 11.165 | 50 | 558.25 |
| 30 | 平枝栒子 | 株 | 31.465 | 50 | 1573.25 |
| 31 | “主教”红端木 | 株 | 39.585 | 150 | 5937.75 |
| 32 | 黄栌 | 株 | 44.66 | 100 | 4466 |
| 33 | 连翘 | 株 | 74.095 | 150 | 11114.25 |
| 34 | 铺地柏 | 株 | 1530 | 50 | 76500 |
| 35 | 大叶黄杨 | 株 | 14198.4 | 20 | 283968 |
| 36 | 早园竹 | 株丛 | 6177.6 | 80 | 494208 |
| 37 | 五叶地锦 | m | 247.86 | 15 | 3717.9 |
| 38 | 迎春花 | 株 | 2580.6 | 25 | 64515 |
| 39 | 冷季型草 | kg | 680.625 | 20 | 13612.5 |
|  | 合计 |  |  |  |  |

# 第四章　某小区园林绿化工程工程量清单竣工结算编制实例

## 第一节　工程竣工结算编制要领

建设工程价款结算，是指对建设工程的发、承包合同价款进行约定和依据合同约定进行工程预付款、工程进度款、工程竣工价款结算的活动。从事工程价款结算活动，应当遵循合法、平等、诚信的原则，并符合国家有关法律法规和政策。

### 一、竣工结算的相关资料和事项

**1. 合同中应约定结算事项**

发包人和承包人应当在合同条款中对涉及工程价款结算的下列事项进行约定：

（1）预付工程款的数额、支付时限及抵扣方式。

（2）工程进度款的支付方式、数额及时限。

（3）工程施工中发生变更时，工程价款的调整方法、索赔方式、时限要求及金额支付方式。

（4）发生工程价款纠纷的解决方法。

（5）约定承担风险的范围及幅度，以及超出约定范围和幅度的调整办法。

（6）工程竣工价款的结算与支付方式、数额及时限。

（7）工程质量保证（保修）金的数额、预扣方式及时限。

（8）安全措施和意外伤害保险费用。

（9）工期及工期提前或延后的奖惩办法。

（10）与履行合同、支付价款相关的担保事项。

**2. 结算合同结算类型**

发、承包人在签订合同时对于工程价款的约定，可选用下列约定方式之一：

（1）固定总价。合同工期较短且工程合同总价较低的工程，可以采用固定总价合同方式。

（2）固定单价。双方在合同中约定综合单价包含的风险范围和风险费用的计算方法，在约定的风险范围内综合单价不再调整。风险范围以外的综合单价调整方法，应当在合同中约定。

（3）可调价格。可调价格包括可调综合单价和措施费等，双方应在合同中约定综合单价和措施费的调整方法，调整因素包括：法律、行政法规和国家有关政策变化影响合同价款；工程造价管理机构的价格调整；经批准的设计变更；发包人更改经审定批准的施工组织设计（修正错误除外）造成费用增加；双方约定的其他因素。

**3. 工程结算**

工程完工后，双方应按照约定的合同价款及合同价款调整内容以及索赔事项，进行工程竣工结算。

（1）工程竣工结算方式。工程竣工结算分为单位工程竣工结算、单项工程竣工结算和建设项目竣工总结算。

（2）工程竣工结算编审。单位工程竣工结算由承包人编制，发包人审查；实行总承包的工程，由具体承包人编制，在总包人审查的基础上由发包人审查。单项工程竣工结算或建设项目竣工总结算由总（承）包人编制，发包人既可直接进行审查，也可以委托具有相应资质的工程造价咨询机构进行审查。政府投资项目，由同级财政部门审查。单项工程竣工结算或建设项目竣工总结算经发、承包人签字盖章后有效。

承包人应在合同约定期限内完成项目竣工结算编制工作，未在规定期限内完成的并且提不出正当理由延期的，责任自负。发包人收到承包人递交的竣工结算报告及完整的结算资料后，应按本办法规定的期限（合同约定有期限的，从其约定）进行核实，给予确认或者提出修改意见。发包人根据确认的竣工结算报告向承包人支付工程竣工结算价款，保留5%左右的质量保证（保修）金，待工程交付使用1年质保期到期后清算（合同另有约定的，从其约定），质保期内如有返修，发生费用应在质量保证（保修）金内扣除。

**4. 结算资料**

工程造价人员应收集并验证工程竣工结算资料，内容应包括：招标投标文件；总包合同、专业分包合同及其补充协议；工程勘察成果相关文件；设计变更图样及说明；工程签证单；工程竣工图样；施工组织设计和施工进度计划；涉及工程造价的隐蔽工程验收记录；主要材料汇总表；发包人供料、设备明细表，发包人付款明细表；工程的计划工期和实际工期；工程质量计划目标和工程竣工验收报告；其他有关工程造价调整的有效证明文件。

**5. 结算审核**

工程造价人员收到工程竣工结算申请后，应在规定的时间内对工程预付款、进度款、变更款和工程索赔款等作出最终审核，出具工程竣工结算审核报告，内容应包括：项目名称，建设地点，占地面积，总建筑面积，层数，结构类型，开、竣工日期，质量等级和批准概算等；工程项目涉及的设计人、施工总承包人、主要专业分包人和施工监理人的单位名称；工程竣工结算审核的依据、分析结果及其审核意见；竣工结算书与审核结算书对比表。

## 二、工程预、结算的工作流程

以工程造价咨询单位接受委托编制预结算为例，工程预、结算的工作流程如图4-1所示。

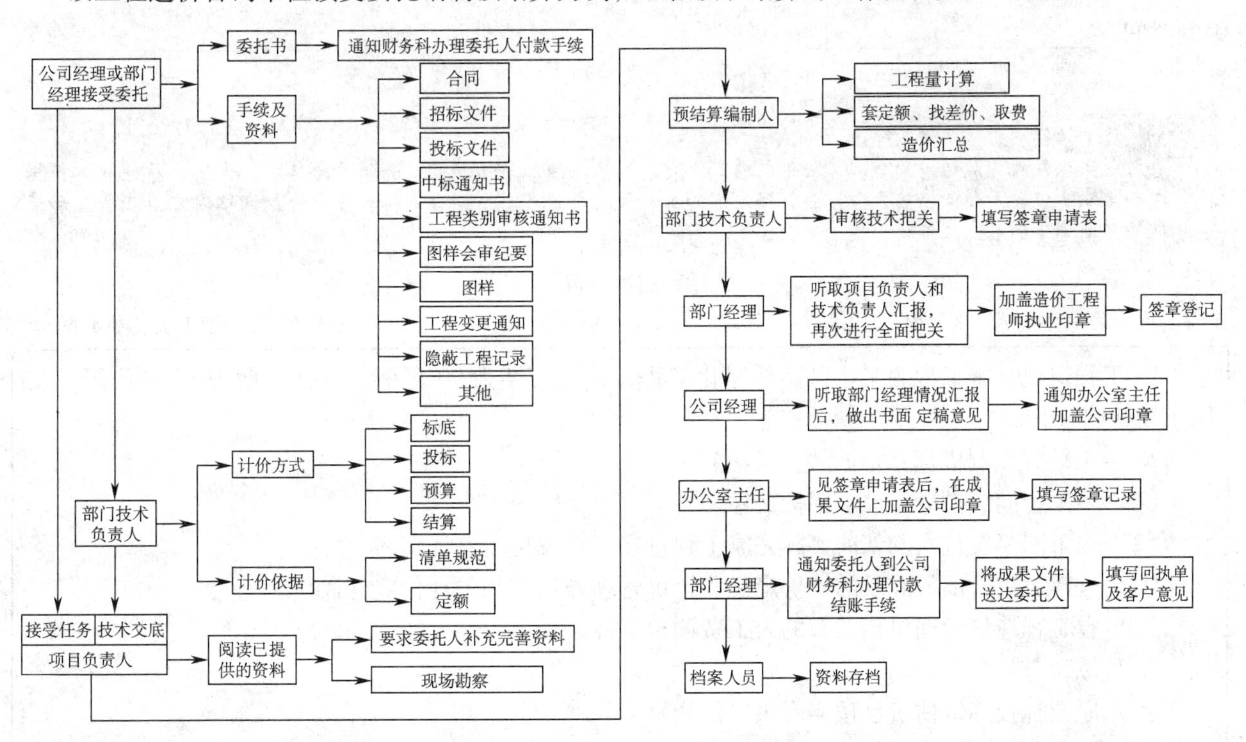


图4-1　工程预、结算的工作流程

## 第二节　某小区园林绿化工程工程量清单竣工结算实例

**某小区园林绿化 工程**
**竣工结算总价**[①]

中标价（大写）：________　（小写）：________

结算价（大写）：________　（小写）：________

发　包　人：________（单位盖章）　承　包　人：________（单位盖章）　工程造价咨询人：________（单位资质专用章）

法定代表人或其授权人：________（签字或盖章）　法定代表人或其授权人：________（签字或盖章）　法定代表人或其授权人：________（签字或盖章）

编　制　人：________（造价人员签字盖专用章）　复　核　人：________（造价工程师签字盖专用章）

编制时间：________　复核时间：________

① 竣工结算总价

基本点：承包人完成约定的全部工程承包内容，发包人依法组织竣工验收，并验收合格后，由发、承包双方根据国家有关法律法规和本规范的规定，按照合同约定的工程造价确定条款，即合同价、合同价款调整内容以及索赔和现场签证等事项确定的最终工程造价。

**总　说　明**[①]

工程名称：某小区园林绿化工程　　第1页　共1页

1. 工程概况：本工程为某小区园林绿化工程，计划工期为90日历天投标工期为80日历天，实际工期90日历天。

2. 竣工结算编制依据：

（1）施工合同、投标文件、招标文件。

（2）竣工图、发包人确认的实际完成工程量和索赔及现场签证资料。

（3）省建设主管部门颁发的计价定额和计价管理办法及相关计价文件。

（4）省工程造价管理机构发布的人工费调整文件。

3. 价款调整：

（1）原招标投标暂估价已按实际供应价调整。

（2）专业分包工程按结算价记取，总包服务费按实际专业分包结算价调整。

（3）索赔及签证已按实际签认单计入。

① 竣工结算

提示：总说明应包括：工程概况、编制依据、工程变更、工程价款调整、索赔及其他相关文件。

## 单位工程竣工结算汇总表[①]

工程名称：某小区园林绿化工程　　　　第1页　共1页

| 序　号 | 汇总内容 | 金额/元 |
|---|---|---|
| 一 | 分部分项工程[②] | 5219396.8 |
| 1.1 | 建筑工程 | 37252.09 |
| 1.2 | 装饰装修工程 | 125091.89 |
| 1.3 | 园林绿化工程 | 5057052.82 |
| 二 | 措施项目 | 162549.14 |
| 2.1 | 安全文明施工费[③] | 87230.57 |
| 三 | 其他项目 | 636077.71 |
| 3.1 | 专业工程结算价 | 326845.12 |
| 3.2 | 计日工 | 26764 |
| 3.3 | 总承包服务费 | 3922.14 |
| 3.4 | 现场签证及索赔 | 278546.45 |
| 四 | 规费 | 219135.17 |
| 4.1 | 工程排污费 | |
| 4.2 | 社会保障费 | 169156.97 |
| (1) | 养老保险费 | 107645.34 |
| (2) | 失业保险费 | 15377.91 |
| (3) | 医疗保险费 | 46133.72 |
| 4.3 | 住房公积金 | 46133.72 |
| 4.4 | 危险作业意外伤害保险 | 3844.48 |
| 4.5 | 工程定额测定费 | |
| 五 | 税金 | 212063.4 |
| 竣工结算价合计 = 1 + 2 + 3 + 4 + 5 | | |
| | | |

注：如无单位工程划分，单项工程也使用本表汇总。

① 汇总表

基本点：单位工程竣工结算汇总表具体内容与单位工程招标控制价汇总表内容类似。

② 分部划分

基本点：依据清单附录中的分部划分或根据招标人自己依据自身特点和要求进行的分部划分，以方便表示出各个分部工程的造价信息。

③ 安全文明施工费

基本点：措施项目中此项为不可竞争费，要求单独在汇总表中列出，以示清楚明了。

## 分部分项工程量清单与计价表

工程名称：某小区园林绿化工程　　　　标段：　　　　第1页　共5页

| 序号 | 项目编码 | 项目名称 | 项目特征描述 | 计量单位 | 工程量 | 金额/元 | | |
|---|---|---|---|---|---|---|---|---|
| | | | | | | 综合单价 | 合价 | 其中：暂估价 |
| | A | 建筑工程 | | | | | | |
| 1 | 010101001002 | 平整场地 | 中心广场平整场地 | $m^2$ | 664.01 | 1.93 | 1281.54 | |
| 2 | 010101003002 | 挖基础土方 | 1. 土方开挖<br>2. 基底钎探 | $m^3$ | 139.16 | 34.04 | 4737.01 | |
| 3 | 010302001001 | 实心砖墙 | 3/4砖实心砖外墙 | $m^3$ | 78.8 | 250.34 | 19726.79 | |
| 4 | 010402001001 | 现浇混凝土矩形柱 | 1. 200mm×200mm 矩形柱<br>2. 混凝土级别：C20 | $m^3$ | 14.66 | 388.4 | 5693.94 | |
| 5 | 010402001002 | 矩形柱 | 1. 混凝土强度等级：C20 | $m^3$ | 2.99 | 388.4 | 1161.32 | |
| 6 | 010403001001 | 基础梁 | 1. 基础梁<br>2. 混凝土级别：C20 | $m^3$ | 5.18 | 376.26 | 1949.03 | |
| 7 | 010416001001 | 现浇混凝土钢筋 | 1. 钢筋（网、笼）制作、运输<br>2. 钢筋（网、笼）安装<br>3. 部位：独立基础 | t | 0.69 | 3916.61 | 2702.46 | |
| | | 分部小计 | | | | | 37252.09 | |
| | B | 装饰装修工程 | | | | | | |
| 8 | 020102001001 | 石材楼地面 | 300mm×300mm 锈板文化石地面 | $m^2$ | 162.9 | 104.19 | 16972.55 | |
| 9 | 020102001002 | 石材楼地面 | 平台面灰色花岗石地面 | $m^2$ | 158.64 | 273.15 | 43332.52 | |
| 10 | 020102001003 | 石材楼地面 | 凹缝密拼 100mm×115mm×400mm，光面连州青花岩石板 | $m^2$ | 88.13 | 273.15 | 24072.71 | |
| 11 | 020102001004 | 石材楼地面 | 平台面灰色花岗石板 | $m^2$ | 28.57 | 273.15 | 7803.9 | |
| 12 | 020102001005 | 石材楼地面 | 50mm 厚粗面花岗石 | $m^2$ | 80.32 | 340.29 | 27332.09 | |
| 13 | 020205003001 | 块料柱面 | 45mm×195mm 米黄色仿石砖块料柱面 | $m^2$ | 46.8 | 84.04 | 3933.07 | |
| 14 | 020301001001 | 顶棚抹灰 | 顶棚抹灰：混合砂浆两遍 | $m^2$ | 117.42 | 14.01 | 1645.05 | |
| | | 分部小计 | | | | | 125091.89 | |
| | E | 园林绿化工程 | | | | | | |
| 15 | 050101006001 | 整理绿化用地 | 1. 土壤类别：一、二类土<br>2. 取土运距：6km<br>3. 回填厚度：10cm | $m^2$ | 1500 | 5.7 | 8550 | |
| 16 | 050102001001 | 栽植千头椿 | 1. 乔木种类：千头椿<br>2. 乔木胸径：7～8cm<br>3. 养护期：3个月 | 株 | 73 | 472.76 | 34511.48 | |
| 17 | 050102001002 | 栽植合欢 | 1. 乔木种类：合欢<br>2. 乔木胸径：7～8cm<br>3. 养护期：3个月 | 株 | 31 | 320.58 | 9937.98 | |
| 18 | 050102001003 | 栽植栾树 | 1. 乔木种类：栾树<br>2. 乔木胸径：7～8cm<br>3. 养护期：3个月 | 株 | 44 | 312.9 | 13767.6 | |
| | 本页小计 | | | | | | | |

## 分部分项工程量清单与计价表

工程名称：某小区园林绿化工程　　　　标段：　　　　第2页　共5页

| 序号 | 项目编码 | 项目名称 | 项目特征描述 | 计量单位 | 工程量 | 金额/元 | | |
|---|---|---|---|---|---|---|---|---|
| | | | | | | 综合单价 | 合价 | 其中：暂估价 |
| 19 | 050102001004 | 栽植西府海棠 | 1. 乔木种类：西府海棠<br>2. 乔木胸径：7～8cm<br>3. 养护期：3个月 | 株 | 5 | 406.13 | 2030.65 | |
| 20 | 050102001005 | 栽植毛白杨 | 1. 乔木种类：毛白杨<br>2. 乔木胸径：8～10cm<br>3. 养护期：3个月 | 株 | 112 | 579.34 | 64886.08 | |
| 21 | 050102001006 | 栽植二球悬铃木 | 1. 乔木种类：二球悬铃木<br>2. 乔木胸径：7～8cm<br>3. 养护期：3个月 | 株 | 17 | 472.76 | 8036.92 | |
| 22 | 050102001007 | 栽植紫叶李 | 1. 乔木种类：紫叶李<br>2. 乔木胸径：5～6cm<br>3. 养护期：3个月 | 株 | 48 | 459.42 | 22052.16 | |
| 23 | 050102001008 | 栽植槐树 | 1. 乔木种类：槐树<br>2. 乔木胸径：8～10cm<br>3. 养护期：3个月 | 株 | 108 | 472.76 | 51058.08 | |
| 24 | 050102001009 | 栽植垂柳 | 1. 乔木种类：垂柳<br>2. 乔木胸径：8～10cm<br>3. 养护期：3个月 | 株 | 12 | 472.76 | 5673.12 | |
| 25 | 050102001010 | 栽植旱柳 | 1. 乔木种类：旱柳<br>2. 乔木胸径：8～10cm<br>3. 养护期：3个月 | 株 | 163 | 472.76 | 77059.88 | |
| 26 | 050102001011 | 栽植馒头柳 | 1. 乔木种类：馒头柳<br>2. 乔木胸径：8～10cm<br>3. 养护期：3个月 | 株 | 37 | 472.76 | 17492.12 | |
| 27 | 050102001012 | 栽植油松 | 1. 乔木种类：油松<br>2. 乔木高：2.5～3.0m<br>3. 养护期：3个月 | 株 | 29 | 472.76 | 13710.04 | |
| 28 | 050102001013 | 栽植云杉 | 1. 乔木种类：云杉<br>2. 乔木高：2.5～3.0m<br>3. 养护期：3个月 | 株 | 28 | 472.76 | 13237.28 | |
| 29 | 050102001014 | 栽植河南桧 | 1. 乔木种类：河南桧<br>2. 乔木高：2.0～2.5m<br>3. 养护期：3个月 | 株 | 59 | 472.76 | 27892.84 | |
| 30 | 050102002001 | 栽植早园竹 | 1. 竹种类：早园竹<br>2. 竹高：200～250cm | 株 | 5940 | 116.49 | 691950.6 | |
| 31 | 050102004001 | 栽植紫珠 | 1. 灌木种类：紫珠<br>2. 冠丛高：1.2～1.5m<br>3. 养护期：3个月 | 株 | 36 | 91.39 | 3290.04 | |
| 32 | 050102004002 | 栽植平枝栒子 | 1. 灌木种类：平枝栒子<br>2. 冠丛高：1.0～1.2m<br>3. 养护期：3个月 | 株 | 31 | 80.73 | 2502.63 | |
| 33 | 050102004003 | 栽植海州常山 | 1. 灌木种类：海州常山<br>2. 冠丛高：1.2～1.5m<br>3. 养护期：3个月 | 株 | 25 | 187.31 | 4682.75 | |
| | 本页小计 | | | | | | | |

## 分部分项工程量清单与计价表

工程名称：某小区园林绿化工程　　　　标段：　　　　第3页　共5页

| 序号 | 项目编码 | 项目名称 | 项目特征描述 | 计量单位 | 工程量 | 金额/元 | | |
|---|---|---|---|---|---|---|---|---|
| | | | | | | 综合单价 | 合价 | 其中：暂估价 |
| 34 | 050102004004 | 栽植“主教”红端木 | 1. 灌木种类：“主教”红端木<br>2. 冠丛高：1.0～1.2m<br>3. 养护期：3个月 | 株 | 39 | 187.31 | 7305.09 | |
| 35 | 050102004005 | 栽植黄栌 | 1. 灌木种类：黄栌<br>2. 冠丛高：1.8～2.0m<br>3. 养护期：3个月 | 株 | 44 | 138.93 | 6112.92 | |
| 36 | 050102004006 | 栽植连翘 | 1. 灌木种类：连翘<br>2. 冠丛高：1.2～1.5m<br>3. 养护期：3个月 | 株 | 73 | 187.31 | 13673.63 | |
| 37 | 050102004007 | 栽植木槿 | 1. 灌木种类：木槿<br>2. 冠丛高：1.5～1.8m<br>3. 养护期：3个月 | 株 | 51 | 135.81 | 6926.31 | |
| 38 | 050102004008 | 栽植重瓣棣棠花 | 1. 灌木种类：重瓣棣棠花<br>2. 冠丛高：0.8～1.0m<br>3. 养护期：3个月 | 株 | 1090 | 80.73 | 87995.7 | |
| 39 | 050102004009 | 栽植棣棠花 | 1. 灌木种类：棣棠花<br>2. 冠丛高：1.2～1.5m<br>3. 养护期：3个月 | 株 | 570 | 112.71 | 64244.7 | |
| 40 | 050102004010 | 栽植紫薇 | 1. 灌木种类：紫薇<br>2. 冠丛高：1.5～1.8m<br>3. 养护期：3个月 | 株 | 56 | 114.49 | 6411.44 | |
| 41 | 050102004011 | 栽植金银木 | 1. 灌木种类：金银木<br>2. 冠丛高：1.2～1.5m<br>3. 养护期：3个月 | 株 | 58 | 112.71 | 6537.18 | |
| 42 | 050102004012 | 栽植黄刺玫 | 1. 灌木种类：黄刺玫<br>2. 冠丛高：1.2～1.5m<br>3. 养护期：3个月 | 株 | 78 | 112.71 | 8791.38 | |
| 43 | 050102004013 | 栽植华北珍珠梅 | 1. 灌木种类：华北珍珠梅<br>2. 冠丛高：1.2～1.5m<br>3. 养护期：3个月 | 株 | 57 | 91.39 | 5209.23 | |
| 44 | 050102004014 | 栽植华北紫丁香 | 1. 灌木种类：华北紫丁香<br>2. 冠丛高：1.2～1.8m<br>3. 养护期：3个月 | 株 | 108 | 91.39 | 9870.12 | |
| 45 | 050102004015 | 栽植珍珠绣线菊 | 1. 灌木种类：珍珠绣线菊<br>2. 冠丛高：1.0～1.2m<br>3. 养护期：3个月 | 株 | 64 | 91.39 | 5848.96 | |
| 46 | 050102004016 | 栽植鸡树条荚蒾 | 1. 灌木种类：鸡树条荚蒾<br>2. 冠丛高：1.0～1.2m<br>3. 养护期：3个月 | 株 | 51 | 91.39 | 4660.89 | |
| | 本页小计 | | | | | | | |

## 分部分项工程量清单与计价表

工程名称：某小区园林绿化工程　　　　标段：　　　　第4页　共5页

| 序号 | 项目编码 | 项目名称 | 项目特征描述 | 计量单位 | 工程量 | 金额/元 | | |
|---|---|---|---|---|---|---|---|---|
| | | | | | | 综合单价 | 合价 | 其中：暂估价 |
| 47 | 050102004017 | 栽植红王子锦带 | 1. 灌木种类：红王子锦带<br>2. 冠丛高：1.0~1.2m<br>3. 养护期：3个月 | 株 | 48 | 91.39 | 4386.72 | |
| 48 | 050102004018 | 栽植大叶黄杨球 | 1. 灌木种类：大叶黄杨球<br>2. 直径：0.6~0.8m<br>3. 养护期：3个月 | 株 | 18 | 91.39 | 1645.02 | |
| 49 | 050102004019 | 栽植金叶女贞球 | 1. 灌木种类：金叶女贞球<br>2. 直径：0.6~0.8m<br>3. 养护期：3个月 | 株 | 11 | 80.73 | 888.03 | |
| 50 | 050102005001 | 栽植五叶地锦 | 1. 苗木种类：五叶地锦<br>2. 生长年限：3年<br>3. 养护期：3个月 | m | 243 | 41.78 | 10152.54 | |
| 51 | 050102006001 | 栽植迎春花 | 1. 植物种类：迎春花<br>2. 生长年限：3年<br>3. 养护期：3个月 | 株 | 2530 | 29.85 | 75520.5 | |
| 52 | 050102007001 | 栽植铺地柏 | 1. 苗木种类：铺地柏<br>2. 苗木株高：0.5~0.8m<br>3. 养护期：3个月 | $m^2$ | 250 | 345.84 | 86460 | |
| 53 | 050102007002 | 栽植大叶黄杨 | 1. 苗木种类：大叶黄杨<br>2. 苗木株高：0.5~0.8m<br>3. 养护期：3个月 | $m^2$ | 1160 | 281.58 | 326632.8 | |
| 54 | 050102008001 | 栽植紫叶小檗 | 1. 花卉种类：紫叶小檗<br>2. 株高：0.5~0.8m<br>3. 养护期：3个月 | 株 | 2592 | | | |
| 55 | 050102008002 | 栽植玉簪 | 1. 花卉种类：玉簪<br>2. 生长年限：3年<br>3. 养护期：3个月 | 株 | 1629 | | | |
| 56 | 050102008003 | 栽植大花萱草 | 1. 花卉种类：大花萱草<br>2. 生长年限：3年<br>3. 养护期：3个月 | 株 | 2080 | | | |
| 57 | 050102008004 | 栽植黄娃娃鸢尾 | 1. 花卉种类：黄娃娃鸢尾<br>2. 芽数：2~3芽<br>3. 养护期：3个月 | 株 | 1300 | | | |
| 58 | 050102008005 | 栽植丰花月季 | 1. 花卉种类：丰花月季<br>2. 生长年限：多年<br>3. 养护期：3个月 | 株 | 3288 | | | |
| 59 | 050102011001 | 喷播冷季型草 | 1. 草籽种类：冷季型草<br>2. 养护期：3个月 | $m^2$ | 27225 | 15.11 | 411369.75 | |
| 60 | 050201001001 | 园路工程 | 1. 垫层厚度、宽度、材料种类：100mm厚混凝土垫层，150mm厚级配砂石<br>2. 路面规格、宽度、材料种类：35mm厚青石板<br>3. 砂浆强度等级：20mm厚1:3干硬性水泥砂浆<br>4. 混凝土强度等级：C15 | $m^2$ | 2438.25 | 134.43 | 327773.95 | |
| | 本页小计 | | | | | | | |

## 分部分项工程量清单与计价表

工程名称：某小区园林绿化工程　　标段：　　第5页　共5页

| 序号 | 项目编码 | 项目名称 | 项目特征描述 | 计量单位 | 工程量 | 金额/元 | | |
|---|---|---|---|---|---|---|---|---|
| | | | | | | 综合单价 | 合价 | 其中：暂估价 |
| 61 | 050201001002 | 园路工程 | 1. 垫层厚度、宽度、材料种类：100mm厚混凝土垫层，150mm厚级配砂石<br>2. 路面规格、宽度、材料种类：60mm厚透水砖<br>3. 混凝土强度等级：C15 | $m^2$ | 4661.25 | 130.89 | 610111.01 | |
| 62 | 050201001003 | 园路工程 | 1. 垫层厚度、宽度、材料种类：100mm厚混凝土垫层，150mm厚级配砂石<br>2. 路面规格、宽度、材料种类：60mm厚混凝土砖<br>3. 混凝土强度等级：C15 | $m^2$ | 6321 | 130.89 | 827355.69 | |
| 63 | 050201001004 | 园路工程（停车场） | 1. 垫层厚度、宽度、材料种类：150mm厚混凝土垫层，250mm厚级配砂石<br>2. 路面规格、宽度、材料种类：60mm厚混凝土砖<br>3. 混凝土强度等级：C15 | $m^2$ | 3844.5 | 163.36 | 628037.52 | |
| 64 | 050201002001 | M<br>路牙铺设 | 1. 垫层厚度、材料种类：250mm厚级配砂石<br>2. 路牙材料种类、规格：混凝土透水砖立砌<br>3. 砂浆强度等级：1∶3干硬性水泥砂浆 | m | 0.75 | 49.75 | 37.31 | |
| 65 | 050201014001 | 木栏杆扶手 | 美国南方松木栏杆扶手 | m | 167 | 219.07 | 36584.69 | |
| 66 | 050201016001 | 木制步桥 | 美国南方松木桥面板，$\phi$12膨胀螺栓固定 | $m^2$ | 831.6 | 462.77 | 384839.53 | |
| 67 | 050301001001 | 原木（带树皮）柱、梁、檩、椽 | 原木200mm，美国南方松木柱制作安装 | m | 62.2 | 77.08 | 4794.38 | |
| 68 | 050301001002 | 原木（带树皮）柱、梁、檩、椽 | 遮雨廊美国南方松木（带树皮）柱、梁、檩 | m | 94 | 72.67 | 6830.98 | |
| 69 | 050304001001 | 木制飞来椅 | 坐凳面、靠背扶手、靠背、楣子制作安装 | m | 16 | 448.26 | 7172.16 | |
| 70 | 050304006001 | 石桌石凳 | 桌、凳安砌 | 个 | 18 | 30.58 | 550.44 | |
| | | 分部小计 | | | | | 5057052.82 | |
| | | | | | | | | |
| | | | | | | | | |
| | | | | | | | | |
| 本页小计 | | | | | | | | |
| 合　计 | | | | | | | | |

注：根据原建设部、财政部发布的《建筑安装工程费用组成》（建标［2003］206号）的规定，为记取规费等的使用，可以在表中增设其中："直接费"、"人工费"或"人工费+机械费"。

## 措施项目清单与计价表（一）

工程名称：某小区园林绿化工程　　　　标段：　　　　第1页　共1页

| 序　号 | 项目名称 | 基数说明 | 费率（%） | 金额/元 |
|---|---|---|---|---|
| 1 | 安全文明施工费① | 分部分项直接费 | 2.54 | 87230.57 |
| 2 | 夜间施工费 | | | |
| 3 | 二次搬运费 | 分部分项主材费 | 2.5 | 34574.99 |
| 4 | 冬、雨期施工 | | | |
| 5 | 大型机械设备进出场及安拆费 | | | |
| 6 | 施工排水 | | | |
| 7 | 施工降水 | | | |
| 8 | 地上、地下设施，建筑物的临时保护设施 | | | |
| 9 | 已完工程及设备保护 | | | |
| 合　计 | | | | |

注：1. 本表适用于以“项”计价的措施项目。
2. 根据原建设部、财政部发布的《建筑安装工程费用组成》（建标［2003］206号）的规定，“计算基础”可为“直接费”、“人工费”或“人工费＋机械费”。

① 安全文明施工费

基本点：在《建设工程工程量清单计价规范》（GB 50500—2008）中，强制要求将安全文明施工费单独列项，按省级、行业建设主管部门的规定计取，并作为不可竞争费用。

深化：一般在招标文件中，招标人都会统一设定安全文明施工费项目的计取，一般设置最低费率，以防投标人将安全文明施工费作为竞争因素，造成投标的不公正，且对投标人在今后工程实际中对该部分的投入的怀疑，以免造成工程上更多的安全隐患。

## 措施项目清单与计价表（二）

工程名称：某小区园林绿化工程　　　　标段：　　　　第1页　共1页

| 序号 | 项目编码 | 项目名称 | 项目特征描述 | 计量单位 | 工程量 | 金额/元 | |
|---|---|---|---|---|---|---|---|
| | | | | | | 综合单价 | 合价 |
| 1 | EB001 | 满堂脚手架 | 1. 脚手架搭设<br>2. 脚手架拆卸 | $m^2$ | 928 | 8.14 | 7553.92 |
| 2 | EB002 | 工程水电费 | 工程过程中的水电消耗 | $m^2$ | 8946 | 3.71 | 33189.66 |
| 本页小计 | | | | | | | |
| 合　计 | | | | | | | |

注：本表适用于以综合单价形式计价的措施项目。

## 其他项目清单与计价汇总表

工程名称：某小区园林绿化工程　　标段：　　第1页　共1页

| 序　号 | 项目名称 | 计量单位 | 金额/元 | 备　注 |
|---|---|---|---|---|
| 1 | 专业工程结算价 | | 326845.12 | |
| 2 | 计日工 | | 26764 | |
| 3 | 总承包服务费 | | 3922.14 | |
| 4 | 索赔及现场签证 | | 278546.45 | |
| 合　计 | | | | — |

注：材料暂估单价进入清单项目综合单价，此处不汇总。

## 专业工程结算价表

工程名称：某小区园林绿化工程　　标段：　　第1页　共1页

| 序　号 | 工程名称 | 工程内容 | 金额/元 | 备　注 |
|---|---|---|---|---|
| 1 | 喷管系统工程 | | 326845.12 | |
| | | | | |
| 合　计 | | | | — |

注：此表由招标人填写，投标人应将上述专业工程暂估价计入投标总价中。

## 计日工表

工程名称：某小区园林绿化工程　　标段：　　第1页　共1页

| 编　号 | 项目名称 | 单　位 | 暂定数量 | 综合单价 | 合　价 |
|---|---|---|---|---|---|
| 1 | 人工 | | | | |
| 1.1 | 零工 | 工日 | 85 | 60 | 5100 |
| 人工小计 | | | | | |
| 2 | 材料 | | | | |
| 2.1 | 透水砖 | $m^2$ | 452 | 32 | 14464 |
| 材料小计 | | | | | |
| 3 | 机械 | | | | |
| 3.1 | 起重机械 | 台班 | 12 | 600 | 7200 |
| 机械小计 | | | | | |
| 总　计 | | | | | |

注：此表项目名称、数量由招标人填写，编制招标控制价时，单价由招标人按有关计价规定确定；投标时，单价由投标人自主报价，计入投标总价中。

## 总承包服务费计价表

工程名称：某小区园林绿化工程　　标段：　　第1页　共1页

| 序　号 | 项目名称 | 项目价值/元 | 服务内容 | 费率（%） | 金额/元 |
|---|---|---|---|---|---|
| 1 | 喷灌系统工程 | 326845.12 | 对分包工程进行总承包管理和协调，并按专业工程的要求配合专业厂家进行安装 | 1.2 | 3922.14 |
| | | | | | |
| 合　计 | | | | | |

## 索赔与现场签证计价汇总表

工程名称：某小区园林绿化工程　　　　第1页　共1页

| 序　　号 | 签证及索赔项目名称 | 计量单位 | 数量 | 单价/元 | 合价/元 | 索赔及签证依据 |
|---|---|---|---|---|---|---|
| 1 | 地下障碍物清除 | 项 | 1 | 128546.45 | 128546.45 | 签证单001 |
| 2 | 非正常工期延误 | 工日 | 25 | 6000 | 150000 | 签证单028 |
| | | | | | | |
| | 本页小计 | | | | | — |
| | 合　　计 | | | | | — |

注：签证及索赔依据是指经双方认可的签证单和索赔依据的编号。

## 规费、税金项目清单与计价表

工程名称：某小区园林绿化工程　　　　标段：　　　　第1页　共1页

| 序　　号 | 项目名称 | 计算基础 | 费率（%） | 金额/元 |
|---|---|---|---|---|
| 1 | 规费 | 工程排污费+社会保障费+住房公积金+危险作业意外伤害保险+工程定额测定费 | | 219135.17 |
| 1.1 | 工程排污费 | | | |
| 1.2 | 社会保障费 | 养老保险费+失业保险费+医疗保险费 | | 169156.97 |
| 1.2.1 | 养老保险费 | 分部分项人工费+技术措施项目人工费 | 14 | 107645.34 |
| 1.2.2 | 失业保险费 | 分部分项人工费+技术措施项目人工费 | 2 | 15377.91 |
| 1.2.3 | 医疗保险费 | 分部分项人工费+技术措施项目人工费 | 6 | 46133.72 |
| 1.3 | 住房公积金 | 分部分项人工费+技术措施项目人工费 | 6 | 46133.72 |
| 1.4 | 危险作业意外伤害保险 | 分部分项人工费+技术措施项目人工费 | 0.5 | 3844.48 |
| 2 | 税金 | 分部分项工程+措施项目+其他项目+规费 | 3.4 | 212063.4 |
| | | | | |
| 合　　计 | | | | |

注：根据原建设部、财政部发布的《建筑安装工程费用组成》（建标［2003］206号）的规定，“计算基础”可为“直接费”、“人工费”或“人工费+机械费”。

# 第五章 某小区园林绿化工程定额投标报价编制实例

## 第一节 园林绿化工程定额概述

### 一、定额种类

定额是编制建筑工程预算的重要依据。定额的提示：定额是在正常的施工生产条件下，完成单位合格产品所必需的人工、材料、施工机械设备及其资金消耗的数量标准。不同的产品有不同的质量要求，因此不能把定额看成是单纯的数量关系，而应看成是质和量的统一体。考察个别生产过程中的因素不能形成定额，只有从考察总体生产过程中的各生产因素，归结出社会平均必需数量标准，才能形成定额。同时，定额反映一定时期的社会生产力水平。

定额就是进行生产经营活动时，在人力、物力、财力消耗方面应遵守或达到的数量标准。在建筑生产中，为了完成建筑产品，必须消耗一定数量的劳动力、材料、机械台班和相应的资金。在一定的生产条件下，用科学的方法制定出生产质量合格的单位建筑产品所需要的劳动力、材料和机械台班等的数量标准，就称为定额。

工程建设定额是工程建设中各类定额的总称，它包括许多种类的定额。为了对工程建设定额有一个全面了解，可以按照不同的原则和方法对其进行分类：

(1) 按定额反映的生产要素消耗内容分类，可以把工程建设定额划分为劳动消耗定额、机械消费定额和材料消耗定额三种。

(2) 按定额的编制程序和用途分类，可以把工程建设定额分为施工定额、预算定额、概算定额、概算指标、投资估算指标五种。

(3) 按照投资的费用性质分类，可以把工程建设定额分为建筑工程定额、设备安装工程定额、建筑安装工程费用定额、工（器）具定额以及工程建设其他费用定额等。

(4) 按照专业性质划分，工程建设定额分为全国通用定额、行业通用定额和专业专用定额三种。全国通用定额是指在部门间和地区间都可以使用的定额；行业通用定额是指具有专业特点在行业部门内可以通用的定额；专业专用定额是特殊专业的定额，只能在制定的范围内使用。

(5) 按主编单位和管理权限分类，工程建设定额可以分为全国统一定额、行业统一定额、地区统一定额、企业定额和补充定额五种。

### 二、预算定额

预算定额，是规定消耗在合格质量的单位工程基本构造要素上的人工、材料和机械台班的数量标准，是计算建筑安装产品价格的基础。

基本构造要素即通常所说的分项工程和结构构件。预算定额按工程基本构造要素规定劳动力、材料和机械的消耗数量，以满足编制施工图预算、规划和控制工程造价的要求。

预算定额的各项指标，反映了在完成规定计量单位符合设计标准和施工质量验收规范要求的分项工程消耗的劳动和物化劳动的数量限度。这种限度最终决定单项工程和单位工程的成本和造价。

预算定额由国家主管部门或其授权机关组织编制、审批并颁发执行。在现阶段，预算定额是一种法令性指标，是对基本建设实行宏观调控和有效监督的重要工具。各地区的各基本建设部门都必须严格执行。

预算定额按照综合程度，可分为预算定额和综合预算定额。综合预算定额在预算定额的基础上，对预算定额的项目进一步综合扩大，使定额项目减少、更为简便适合，可以简化编制工程预算的计算过程。

## 三、预算定额的使用方法

使用定额计价的预算书，使用的是单位估价法，其通过对人工、材料、施工机械消耗量的确定来实现对工程的单价及合价的确定。下面分别介绍单位估价法中人工、材料及施工机械的消耗量的确定。

**1. 人工工日的消耗量确定**

预算定额中人工工日消耗量是指在正常施工生产条件下，生产单位合格产品必需消耗的人工工日数量，是由分项工程所综合的各个工序劳动定额包括的基本用工、其他用工以及劳动定额与预算定额工日消耗量的幅度差三部分组成的。

（1）基本用工。基本用工是指完成单位合格产品所必需消耗的技术工种用工，其包括：

1）完成定额计量单位的主要用工。按综合取定的工程量和相应劳动定额进行计算，计算式为

$$\text{基本用工} = \sum(\text{综合取定的工程量} \times \text{劳动定额}) \tag{5-1}$$

例如工程实际中的砖基础，有一砖厚、一砖半厚、二砖厚等之分，用工各不相同，在预算定额中由于不区分厚度，需要按统计的比例通过加权平均（即上述计算式中的综合取定）得出用工量。

2）按劳动定额规定应增加计算的用工量，如砖基础埋深超过1.5m，超过部分要增加用工，预算定额中应按一定比例给予增加；又如砖墙项目要增加附墙烟囱孔、垃圾道、壁橱等零星组合部分的加工。

3）由于预算定额是以劳动定额子目综合扩大的，包括的工作内容较多，施工的工效视具体部位而异，需要另外增加用工的，列入基本用工内。

（2）其他用工。预算定额内的其他用工，包括材料超运距运输用工和辅助工作用工。

1）材料超运距用工。材料超运距用工是指预算定额取定的材料、半成品等运距，超过劳动定额规定的运距应增加的工日。其用工量以超运距（预算定额取定的运距减去劳动定额取定的运距）和劳动定额计算，计算式为

$$\text{超运距用工} = \sum(\text{超运距材料数量} \times \text{时间定额}) \tag{5-2}$$

2）辅助工作用工。辅助工作用工是指劳动定额中未包括的各种辅助工序用工，如材料的零星加工用工，土建工程的筛砂、淋石灰膏、洗石子等增加的用工量。辅助工作用工量一般按加工的材料数量乘以时间定额计算。

（3）人工幅度差。人工幅度差是指预算定额对在劳动定额规定的用工范围内没有包括，而在一般正常情况下又不可避免的一些零星用工，常以百分率计算。一般在确定预算定额用工量时，按基本用工、超运距用工、辅助工作用工之和的10%～15%范围内取定。其计算式为

$$\text{人工幅度差(工日)} = (\text{基本用工} + \text{超运距用工} + \text{辅助用工}) \times \text{人工幅度差百分率} \tag{5-3}$$

**2. 材料的消耗量确定**

预算定额中的材料消耗量是在合理和节约使用材料的条件下，生产单位假定建筑安装产品（即分部分项工程或结构件）必需消耗的一定品种规格的材料、半成品、构（配）件等的数量标准。材料消耗量计算方法主要有：

（1）凡有标准规格的材料，按规范要求计算定额计量单位的耗用量，如砖、防水卷材、块料等。

（2）凡设计图样标注尺寸及下料要求的按设计图样尺寸计算材料净用量，如门窗制作用材料、木方、板料等。

（3）换算法。各种胶结、涂料等材料的配合比用料，可以根据要求条件进行换算，得出材料用量。

（4）测定法。测定法包括实验室试验法和现场观察法。它是指各种强度等级的混凝土及砌筑砂浆

配合比的耗用原材料数量的计算，需按照规范要求试配经过试压合格以后并经过必要的调整后得出的水泥、砂、石子及水的用量。对新材料、新结构且不能用其他方法计算定额消耗用量时，需用现场测定方法来确定，根据不同条件可以采用写实记录法和观察法来得到定额的消耗量。

材料损耗量，是指在正常条件下不可避免的材料损耗，如现场内材料运输及施工操作过程中的损耗等，其关系式如下：

材料损耗率 = 损耗量/净用量 × 100%

材料损耗量 = 材料净用量 × 损耗率

材料消耗量 = 材料净用量 + 损耗量

或材料消耗量 = 材料净用量 × （1 + 损耗率）

其他材料的确定。一般按工艺测算并在定额项目材料计算表内列出名称、数量，并依编制期价格以其他材料占主要材料的比率计算，列在定额材料栏之下，定额内可不列材料名称及消耗量。

**3. 施工机械台班的消耗量确定**

预算定额中的机械台班消耗量是指在正常施工条件下，生产单位合格产品（分部分项工程或结构件）必需消耗的某类型号施工机械的台班数量。它是由分项工程综合的有关工序劳动定额确定的机械台班消耗量以及劳动定额与预算定额的机械台班幅度差组成的。

垂直运输机械依据工期定额分别测算台班量，以台班/100$m^2$ 建筑面积表示。

确定预算定额中的机械台班消耗量指标，应根据《全国统一建筑安装工程劳动定额》中各种机械施工项目所规定的台班产量加机械幅度差进行计算。若按实际需要计算机械台班消耗量，不应再增加机械幅度差。

机械幅度差是指在劳动定额（机械台班量）中未曾包括的，而机械在合理的施工组织条件下所必需的停歇时间，在编制预算定额时，应予以考虑。其内容包括：

（1）施工机械转移工作面及配套机械互相影响损失的时间。

（2）在正常的施工情况下，机械施工中不可避免的工序间歇。

（3）检查工程质量影响机械操作的时间。

（4）临时水、电线路在施工中移动位置所发生的机械停歇时间。

（5）工程结尾时，工作量不饱满所损失的时间。

机械幅度差系数一般根据测定和统计资料取定。大型机械幅度差系数为：土方机械 1.25，打桩机械 1.33，吊装机械 1.3，其他均按统一规定的系数计算。

由于垂直运输用的塔式起重机，卷扬机及砂浆、混凝土搅拌机按小组配合，应以小组产量来计算机械台班产量，不另增加机械幅度差。

综上所述，预算定额的机械台班消耗量按下式计算

预算定额机械耗用台班 = 施工定额机械耗用台班 ×（1 + 机械幅度差系数）　（5-4）

占比重不大的零星小型机械按劳动定额小组成员计算出机械台班使用量，以“机械费”或“其他机械费”表示，不再列台班数量。

## 第二节　某小区园林绿化工程定额投标报价实例

# 工程概预算书

工程名称：　　某小区园林绿化工程　　　　　　工程地点：
建筑面积：　　　　　　　　　　　　　　　　　结构类型：
工程造价：　　　　　　　　　　　　　　　　　单方造价：
建设单位：　　　　　　　　　　　　　　　　　设计单位：
施工单位：　　　　　　　　　　　　　　　　　编 制 人：
审 核 人：　　　　　　　　　　　　　　　　　编制日期：
建筑单位：　　（公章）　　　　　　　　　　　施工单位：　　（公章）

### 单位工程费用表

工程名称：某小区园林绿化工程　　　　　　　　第1页　共1页

| 序　号 | 费用名称 | 费率（%） | 费用金额/元 |
|---|---|---|---|
| 一 | 定额直接费① | | 4855355.42 |
| | 其中：人工费 | | 768895.29 |
| 二 | 现场管理费 | | 148012.34 |
| | 1. 临时设施费② | 5.94 | 45672.38 |
| | 2. 现场经费③ | 13.31 | 102339.96 |
| 三 | 直接费④ | | 5003367.76 |
| 四 | 企业管理费⑤ | 13.39 | 102955.08 |
| 五 | 利润⑥ | 7 | 357442.6 |
| 六 | 规费⑦ | 20.19 | 155239.96 |
| 七 | 税金⑧ | 3.4 | 191046.18 |
| 八 | 工程造价 | | |

单位工程费用表

① 基本点：定额直接费为按定额中各章的工程项目计算出来的定额编制期的人工、材料、机械费的总和。
② 基本点：临时设施费是指施工企业为进行建设工程施工必需的生活和生产用临时设施费用。
③ 基本点：现场经费指施工企业的项目经理部组织施工过程中所发生的费用。
④ 基本点：直接费就是上述定额直接费及现场管理费（包括临时设施费和现场经费）之和。
⑤ 基本点：企业管理费是指企业行政部门为管理和组织经营活动而发生的各项费用。
⑥ 基本点：按规定计入工程造价的利润。
⑦ 基本点：根据省级政府或省级有关权力部门规定必须缴纳的，应计入建筑安装工程造价的费用。
⑧ 基本点：税金包括按规定计入工程造价的营业税、城市维护建设税、教育费附加。

## 单位工程概（预）算表

工程名称：某小区园林绿化工程　　　　　　　　　　　　　　　　第1页　共5页

| 序号 | 定额编号 | 子目名称 | 工程量 | | 价值/元 | | 其中/元 | |
|---|---|---|---|---|---|---|---|---|
| | | | 单位 | 数量 | 单价 | 合价 | 人工费 | 材料费 |
| | 01 | 建筑工程① | | | | 33008.67 | 12385.1 | 19767.53 |
| 1 | 1-1 | 人工土石方 场地平整 | $m^2$ | 664.01 | 1.54 | 1022.58 | 1022.58 | |
| 2 | 1-3 | 人工土石方 人工挖土 基坑 | $m^3$ | 139.16 | 27.02 | 3760.1 | 3760.1 | |
| 3 | 4-2 | 砌砖 砖外墙 | $m^3$ | 78.8 | 223.04 | 17575.55 | 6062.08 | 11161.23 |
| 4 | 5-17换 | 现浇混凝土构件 柱 C30 换为（C20预拌混凝土） | $m^3$ | 14.66 | 357.58 | 5242.12 | 902.32 | 4017.72 |
| 5 | 5-17换 | 现浇混凝土构件 柱 C30 换为（C20预拌混凝土） | $m^3$ | 2.99 | 357.58 | 1069.16 | 184.03 | 819.44 |
| 6 | 5-24换② | 现浇混凝土构件 梁 C30 换为（C20预拌混凝土） | $m^3$ | 5.18 | 347.78 | 1801.5 | 273.4 | 1414.66 |
| 7 | 8-1 | 钢筋 $\phi10$ 以内 | t | 0.276 | 3710.87 | 1024.2 | 75.43 | 947.74 |
| 8 | 8-2 | 钢筋 $\phi10$ 以外 | t | 0.414 | 3655.71 | 1513.46 | 105.16 | 1406.74 |
| | 02 | 装饰工程 | | | | 38650.82 | 7531.77 | 30067.67 |
| 9 | 2-98 | 顶棚面层装饰 混凝土 顶棚抹灰 混合砂浆 现浇板 两遍 | $m^2$ | 117.42 | 11.66 | 1369.12 | 989.85 | 339.34 |
| 10 | 5-22 | 块料 仿石砖 砂浆粘贴 矩形 勾缝 | $m^2$ | 46.8 | 72.38 | 3387.38 | 1792.44 | 1480.28 |
| 11 | 7-44 | 通廊栏杆（板）木栏杆 车花 | $m^2$ | 167 | 65.29 | 10903.43 | 3286.56 | 7326.29 |
| 12 | 7-64 | 通廊扶手 硬木 | m | 167 | 137.67 | 22990.89 | 1462.92 | 20921.76 |
| | 03 | 仿古建筑工程 | | | | 6429.28 | 2005.76 | 4380.16 |
| 13 | 6-85 | 鹅颈靠背（美人靠）制作安装 | m | 16 | 401.83 | 6429.28 | 2005.76 | 4380.16 |
| | 09 | 绿化工程 | | | | 2055373.35 | 305908.63 | 273342 |
| 14 | 1-1 | 人工整理绿化用地 | $m^2$ | 1500 | 2.19 | 3285 | 3240 | |
| 15 | 1-24 | 机械运渣土 人工装土 | $10m^3$ | 15 | 80.13 | 1201.95 | 1188 | |
| 16 | 1-27 | 机械运渣土 外运10km以内 | $10m^3$ | 15 | 183.83 | 2757.45 | | 10.05 |
| 17 | 2-2 | 普坚土种植 裸根乔木 胸径7cm以内 | 株 | 5 | 323.97 | 1619.85 | 63.3 | 33.1 |
| | 4701@9 | 西府海棠 | 株 | 5.075 | 300 | 1522.5 | | |
| 18 | 2-2 | 普坚土种植 裸根乔木 胸径7cm以内 | 株 | 48 | 374.72 | 17986.56 | 607.68 | 317.76 |
| | 4701@10 | 紫叶李 | 株 | 48.72 | 350 | 17052 | | |
| 19 | 2-3 | 普坚土种植 裸根乔木 胸径10cm以内 | 株 | 73 | 385.49 | 28140.77 | 1629.36 | 553.34 |
| | 4701@8 | 千头椿 | 株 | 74.095 | 350 | 25933.25 | | |
| 20 | 2-3 | 普坚土种植 裸根乔木 胸径10cm以内 | 株 | 31 | 283.99 | 8803.69 | 691.92 | 234.98 |
| | 4701@2 | 合欢 | 株 | 31.465 | 250 | 7866.25 | | |
| 21 | 2-3 | 普坚土种植 裸根乔木 胸径10cm以内 | 株 | 44 | 233.24 | 10262.56 | 982.08 | 333.52 |
| | 4701@3 | 栾树 | 株 | 44.66 | 200 | 8932 | | |
| 22 | 2-3 | 普坚土种植 裸根乔木 胸径10cm以内 | 株 | 112 | 486.99 | 54542.88 | 2499.84 | 848.96 |

## 单位工程概（预）算表

工程名称：某小区园林绿化工程　　　　第2页　共5页

| 序号 | 定额编号 | 子目名称 | 工程量 | | 价值/元 | | 其中/元 | |
|---|---|---|---|---|---|---|---|---|
| | | | 单位 | 数量 | 单价 | 合价 | 人工费 | 材料费 |
| | 4701@5 | 毛白杨 | 株 | 113.68 | 450 | 51156 | | |
| 23 | 2-3 | 普坚土种植 裸根乔木 胸径10cm以内 | 株 | 17 | 385.49 | 6553.33 | 379.44 | 128.86 |
| | 4701@6 | 二球悬铃木 | 株 | 17.255 | 350 | 6039.25 | | |
| 24 | 2-3 | 普坚土种植 裸根乔木 胸径10cm以内 | 株 | 108 | 385.49 | 41632.92 | 2410.56 | 818.64 |
| | 4701@11 | 槐树 | 株 | 109.62 | 350 | 38367 | | |
| 25 | 2-3 | 普坚土种植 裸根乔木 胸径10cm以内 | 株 | 12 | 385.49 | 4625.88 | 267.84 | 90.96 |
| | 4701@12 | 垂柳 | 株 | 12.18 | 350 | 4263 | | |
| 26 | 2-3 | 普坚土种植 裸根乔木 胸径10cm以内 | 株 | 163 | 385.49 | 62834.87 | 3638.16 | 1235.54 |
| | 4701@13 | 旱柳 | 株 | 165.445 | 350 | 57905.75 | | |
| 27 | 2-3 | 普坚土种植 裸根乔木 胸径10cm以内 | 株 | 37 | 385.49 | 14263.13 | 825.84 | 280.46 |
| | 4701@14 | 馒头柳 | 株 | 37.555 | 350 | 13144.25 | | |
| 28 | 2-3 | 普坚土种植 裸根乔木 胸径10cm以内 | 株 | 29 | 385.49 | 11179.21 | 647.28 | 219.82 |
| | 4701@15 | 油松 | 株 | 29.435 | 350 | 10302.25 | | |
| 29 | 2-3 | 普坚土种植 裸根乔木 胸径10cm以内 | 株 | 28 | 385.49 | 10793.72 | 624.96 | 212.24 |
| | 4701@16 | 云杉 | 株 | 28.42 | 350 | 9947 | | |
| 30 | 2-3 | 普坚土种植 裸根乔木 胸径10cm以内 | 株 | 59 | 385.49 | 22743.91 | 1316.88 | 447.22 |
| | 4701@17 | 河南桧 | 株 | 59.885 | 350 | 20959.75 | | |
| 31 | 2-8 | 普坚土种植 裸根灌木 高度1.5m以内 | 株 | 25 | 158.52 | 3963 | 108.75 | 46.25 |
| | 4801@1 | 海州常山 | 株 | 25.375 | 150 | 3806.25 | | |
| 32 | 2-8 | 普坚土种植 裸根灌木 高度1.5m以内 | 株 | 36 | 67.17 | 2418.12 | 156.6 | 66.6 |
| | 4801@2 | 紫珠 | 株 | 36.54 | 60 | 2192.4 | | |
| 33 | 2-8 | 普坚土种植 裸根灌木 高度1.5m以内 | 株 | 31 | 57.02 | 1767.62 | 134.85 | 57.35 |
| | 4801@3 | 平枝栒子 | 株 | 31.465 | 50 | 1573.25 | | |
| 34 | 2-8 | 普坚土种植 裸根灌木 高度1.5m以内 | 株 | 39 | 158.52 | 6182.28 | 169.65 | 72.15 |
| | 4801@6 | “主教”红端木 | 株 | 39.585 | 150 | 5937.75 | | |
| 35 | 2-8 | 普坚土种植 裸根灌木 高度1.5m以内 | 株 | 73 | 158.52 | 11571.96 | 317.55 | 135.05 |
| | 4801@9 | 连翘 | 株 | 74.095 | 150 | 11114.25 | | |
| 36 | 2-8 | 普坚土种植 裸根灌木 高度1.5m以内 | 株 | 1090 | 57.02 | 62151.8 | 4741.5 | 2016.5 |
| | 4801@11 | 重瓣棣棠花 | 株 | 1106.35 | 50 | 55317.5 | | |
| 37 | 2-8 | 普坚土种植 裸根灌木 高度1.5m以内 | 株 | 570 | 87.47 | 49857.9 | 2479.5 | 1054.5 |
| | 4801@12 | 棣棠花 | 株 | 578.55 | 80 | 46284 | | |

## 单位工程概（预）算表

工程名称：某小区园林绿化工程　　　　第3页　共5页

| 序号 | 定额编号 | 子目名称 | 工程量 | | 价值/元 | | 其中/元 | |
|---|---|---|---|---|---|---|---|---|
| | | | 单位 | 数量 | 单价 | 合价 | 人工费 | 材料费 |
| 38 | 2-8 | 普坚土种植 裸根灌木 高度1.5m以内 | 株 | 58 | 87.47 | 5073.26 | 252.3 | 107.3 |
| | 4801@14 | 金银木 | 株 | 58.87 | 80 | 4709.6 | | |
| 39 | 2-8 | 普坚土种植 裸根灌木 高度1.5m以内 | 株 | 78 | 87.47 | 6822.66 | 339.3 | 144.3 |
| | 4801@15 | 黄刺玫 | 株 | 79.17 | 80 | 6333.6 | | |
| 40 | 2-8 | 普坚土种植 裸根灌木 高度1.5m以内 | 株 | 57 | 67.17 | 3828.69 | 247.95 | 105.45 |
| | 4801@16 | 华北珍珠梅 | 株 | 57.855 | 60 | 3471.3 | | |
| 41 | 2-8 | 普坚土种植 裸根灌木 高度1.5m以内 | 株 | 108 | 67.17 | 7254.36 | 469.8 | 199.8 |
| | 4801@17 | 华北紫丁香 | 株 | 109.62 | 60 | 6577.2 | | |
| 42 | 2-8 | 普坚土种植 裸根灌木 高度1.5m以内 | 株 | 64 | 67.17 | 4298.88 | 278.4 | 118.4 |
| | 4801@18 | 珍珠绣线菊 | 株 | 64.96 | 60 | 3897.6 | | |
| 43 | 2-8 | 普坚土种植 裸根灌木 高度1.5m以内 | 株 | 51 | 67.17 | 3425.67 | 221.85 | 94.35 |
| | 4801@19 | 鸡树条荚蒾 | 株 | 51.765 | 60 | 3105.9 | | |
| 44 | 2-8 | 普坚土种植 裸根灌木 高度1.5m以内 | 株 | 48 | 67.17 | 3224.16 | 208.8 | 88.8 |
| | 4801@20 | 红王子锦带 | 株 | 48.72 | 60 | 2923.2 | | |
| 45 | 2-8 | 普坚土种植 裸根灌木 高度1.5m以内 | 株 | 18 | 67.17 | 1209.06 | 78.3 | 33.3 |
| | 4801@21 | 大叶黄杨球 | 株 | 18.27 | 60 | 1096.2 | | |
| 46 | 2-8 | 普坚土种植 裸根灌木 高度1.5m以内 | 株 | 11 | 57.02 | 627.22 | 47.85 | 20.35 |
| | 4801@22 | 金叶女贞球 | 株 | 11.165 | 50 | 558.25 | | |
| 47 | 2-9 | 普坚土种植 裸根灌木 高度1.8m以内 | 株 | 51 | 109.19 | 5568.69 | 293.25 | 94.35 |
| | 4801@10 | 木槿 | 株 | 51.765 | 100 | 5176.5 | | |
| 48 | 2-9 | 普坚土种植 裸根灌木 高度1.8m以内 | 株 | 56 | 88.89 | 4977.84 | 322 | 103.6 |
| | 4801@13 | 紫薇 | 株 | 56.84 | 80 | 4547.2 | | |
| 49 | 2-10 | 普坚土种植 裸根灌木 高度2.0m以内 | 株 | 44 | 111.82 | 4920.08 | 327.36 | 121.88 |
| | 4801@8 | 黄栌 | 株 | 44.66 | 100 | 4466 | | |
| 50 | 2-13 | 普坚土种植 绿篱 单行 高度1.5m以内 | m | 243 | 24.22 | 5885.46 | 1513.89 | 629.37 |
| | 5001@1 | 五叶地锦 | m | 247.86 | 15 | 3717.9 | | |
| 51 | 2-18 | 普坚土种植 色带 高度0.8m以内 | $m^2$ | 250 | 314.31 | 78577.5 | 1582.5 | 470 |
| | 4802@1 | 铺地柏 | 株 | 1530 | 50 | 76500 | | |
| 52 | 2-18 | 普坚土种植 色带 高度0.8m以内 | $m^2$ | 1160 | 253.11 | 293607.6 | 7342.8 | 2180.8 |
| | 4802@2 | 大叶黄杨 | 株 | 14198.4 | 20 | 283968 | | |
| 53 | 2-35 | 普坚土种植 丛生竹 球径×深50cm×40cm | 株丛 | 5940 | 96.49 | 573150.6 | 55360.8 | 22750.2 |

## 单位工程概（预）算表

工程名称：某小区园林绿化工程　　　　第4页　共5页

| 序号 | 定额编号 | 子目名称 | 工程量 | | 价值/元 | | 其中/元 | |
|---|---|---|---|---|---|---|---|---|
| | | | 单位 | 数量 | 单价 | 合价 | 人工费 | 材料费 |
| | 4903@1 | 早园竹 | 株丛 | 6177.6 | 80 | 494208 | | |
| 54 | 2-75 | 种植攀缘植物（生长年限3年） | 10株 | 253 | 261.73 | 66217.69 | 1234.64 | 450.34 |
| | 5101@1 | 迎春花 | 株 | 2580.6 | 25 | 64515 | | |
| 55 | 2-82 | 种植花卉 一二年生草花 | $10m^2$ | | 17.6 | | | |
| | 5301@1 | 黄娃娃鸢尾 | 株 | | | | | |
| 56 | 2-83 | 种植花卉 宿根 | $10m^2$ | | 20.3 | | | |
| | 5302@1 | 玉簪 | 株 | | | | | |
| 57 | 2-83 | 种植花卉 宿根 | $10m^2$ | | 20.3 | | | |
| | 5302@2 | 大花萱草 | 株 | | | | | |
| 58 | 2-84 | 种植花卉 木本 | $10m^2$ | | 23.56 | | | |
| | 5303@1 | 紫叶小檗 | 株 | | | | | |
| 59 | 2-84 | 种植花卉 木本 | $10m^2$ | | 23.56 | | | |
| | 5303@2 | 丰花月季 | 株 | | | | | |
| 60 | 2-85 | 喷播植草 坡度1:1以下 坡长8m以内 | $100m^2$ | 272.25 | 379.4 | 103291.65 | 50371.7 | 22193.82 |
| | 5507@1 | 冷季型草 | kg | 680.625 | 20 | 13612.5 | | |
| 61 | 3-25 | 场外运苗 裸根乔木 胸径10cm以内 | 株 | 766 | 15.26 | 11689.16 | 6143.32 | 183.84 |
| 62 | 6-1 | 后期管理费 乔木及果树 | 株 | 735 | 39.78 | 29238.3 | 13406.4 | 14207.55 |
| 63 | 6-2 | 后期管理费 灌木 | 株 | 2508 | 17.27 | 43313.16 | 21669.12 | 17856.96 |
| 64 | 6-3 | 后期管理费 绿篱 | m | 243 | 13.45 | 3268.35 | 1049.76 | 1866.24 |
| 65 | 6-4 | 后期管理费 冷草 | $m^2$ | 27225 | 9.73 | 264899.25 | 65340 | 150554.25 |
| 66 | 6-6 | 后期管理费 花卉 | $m^2$ | | 6.73 | | | |
| 67 | 6-7 | 后期管理费 攀缘植物 | 株 | 2530 | 2.03 | 5135.9 | 1467.4 | 2934.8 |
| 68 | 6-8 | 后期管理费 丛生竹 | 株丛 | 5940 | 11.33 | 67300.2 | 37065.6 | 21443.4 |
| 69 | 6-10 | 后期管理费 色带 | $m^2$ | 1410 | 12.36 | 17427.6 | 10152 | 5174.7 |
| | 10 | 庭园工程 | | | | 2721893.3 | 441064.03 | 2250376.95 |
| 70 | 1-22 | 土方工程 地坪原土打夯 | $m^2$ | 17265.075 | 0.77 | 13294.11 | 12430.85 | |
| 71 | 2-4 | 园路及地面工程 垫层 天然级配砂石 | $m^3$ | 2974.21875 | 139.9 | 416093.2 | 44107.66 | 368208.28 |
| 72 | 2-5换 | 园路及地面工程 垫层 素混凝土 换为（C15预拌混凝土） | $m^3$ | 243.825 | 321.77 | 78455.57 | 13166.55 | 62470.4 |
| 73 | 2-5换 | 园路及地面工程 垫层 素混凝土 换为（C15预拌混凝土） | $m^3$ | 466.125 | 321.77 | 149985.04 | 25170.75 | 119425.89 |
| 74 | 2-5换 | 园路及地面工程 垫层 素混凝土 换为（C15预拌混凝土） | $m^3$ | 632.1 | 321.77 | 203390.82 | 34133.4 | 161950.34 |
| 75 | 2-5换 | 园路及地面工程 垫层 素混凝土 换为（C15预拌混凝土） | $m^3$ | 576.675 | 321.77 | 185556.71 | 31140.45 | 147749.9 |

## 单位工程概（预）算表

工程名称：某小区园林绿化工程　　　　第5页　共5页

| 序号 | 定额编号 | 子目名称 | 工程量 | | 价值/元 | | 其中/元 | |
|---|---|---|---|---|---|---|---|---|
| | | | 单位 | 数量 | 单价 | 合价 | 人工费 | 材料费 |
| 76 | 2-12 | 园路及地面工程 铺混凝土砌块砖 砂垫 | $m^2$ | 14826.75 | 66.69 | 988795.96 | 175845.26 | 811171.49 |
| 77 | 2-13 | 园路及地面工程 铺混凝土砌块砖 浆垫 | $m^2$ | 2438.25 | 69.86 | 170336.15 | 31307.13 | 138712.04 |
| 78 | 2-18 | 园路及地面工程 方整石板路面 | $m^2$ | 162.9 | 95.59 | 15571.61 | 2969.67 | 12575.88 |
| 79 | 2-25 | 园路及地面工程 花岗石地面厚30mm | $m^2$ | 275.34 | 255.54 | 70360.38 | 6327.31 | 63573.25 |
| 80 | 2-26 | 园路及地面工程 花岗石地面厚50mm | $m^2$ | 80.32 | 319.43 | 25656.62 | 1874.67 | 23638.18 |
| 81 | 2-34 | 园路及地面工程 路牙 混凝土块 | m | 0.75 | 42.32 | 31.74 | 5.21 | 26.48 |
| 82 | 4-25换 | 花架及小品工程 木制花架 柱换为（C15预拌混凝土） | $m^3$ | 2.488 | 1757.7 | 4373.16 | 962.43 | 3402.79 |
| 83 | 4-25换 | 花架及小品工程 木制花架 柱换为（C15预拌混凝土） | $m^3$ | 1.88 | 1757.7 | 3304.48 | 727.24 | 2571.24 |
| 84 | 4-26 | 花架及小品工程 木制花架 梁 | $m^3$ | 0.94 | 1564.2 | 1470.35 | 169.5 | 1298.06 |
| 85 | 4-27 | 花架及小品工程 木制花架 檩条 | $m^3$ | 0.94 | 1605.14 | 1508.83 | 210.41 | 1295.59 |
| 86 | 7-25 | 步桥工程 桥面 细石安装 松木桥面板 | $10m^2$ | 83.16 | 4270.91 | 355168.88 | 56729.26 | 297781.82 |
| 87 | 8-46换 | 杂项工程 圆桌圆凳基础 换为（C20预拌豆石混凝土） | 件 | 18 | 16.33 | 293.94 | 173.7 | 119.88 |
| 88 | 8-47 | 杂项工程 圆桌圆凳安装 | 件 | 18 | 9.13 | 164.34 | 156.06 | 8.1 |
| 89 | 9-37 | 脚手架工程 满堂红脚手架 高度3m以下 | $100m^2$ | 9.28 | 700.65 | 6502.03 | 3456.52 | 2817.96 |
| 90 | 10-2 | 工程水电费 园路地面 | $m^2$ | 8946 | 3.53 | 31579.38 | | 31579.38 |
| | | | | | | | | |
| | | 合　计 | | | | | | |

① 分部划分

基本点：可根据实际情况进行分部划分，如部位、户型、工作内容等。

② 定额换算

基本点：当实际施工中所需材料或其他内容的尺寸、类型、要求等与定额不同时，可根据定额要求进行替换及换算，并在子目名称中予以说明，且在相应定额号后加“换”字或能体现换算情况的说明。

## 单位工程人、材、机汇总表

工程名称：某小区园林绿化工程 第1页 共3页

| 序 号 | 名称及规格 | 单位 | 数量 | 市场价 | 合计 |
|---|---|---|---|---|---|
| 一 | 人工类别 | | | | |
| 1 | 综合工日 | 工日 | 450.8215 | 48 | 21639.43 |
| 2 | 综合工日 | 工日 | 4665.0584 | 48 | 223922.8 |
| 3 | 综合工日 | 工日 | 3030.2981 | 48 | 145454.31 |
| 4 | 综合工日 | 工日 | 1225.9305 | 48 | 58844.66 |
| 5 | 综合工日 | 工日 | 71.4096 | 48 | 3427.66 |
| 6 | 综合工日 | 工日 | 6154.0296 | 48 | 295393.42 |
| 7 | 综合工日 | 工日 | 36.5976 | 48 | 1756.68 |
| 8 | 综合工日 | 工日 | 41.504 | 48 | 1992.19 |
| 9 | 综合工日 | 工日 | 6.84 | 48 | 328.32 |
| 10 | 其他人工费 | 元 | 16139.1439 | 1 | 16139.14 |
| | | | | | |
| 二 | 配合比类别 | | | | |
| 1 | 1:2 水泥砂浆 | $m^3$ | 42.1272 | 295.72 | 12457.86 |
| 2 | 1:2.5 水泥砂浆 | $m^3$ | 11.473 | 269.27 | 3089.33 |
| 3 | 1:3 水泥砂浆 | $m^3$ | 0.009 | 253.5 | 2.28 |
| 4 | 1:3 石灰砂浆 | $m^3$ | 0.0045 | 158.57 | 0.72 |
| 5 | M5 混合砂浆 | $m^3$ | 65.0445 | 205.23 | 13349.08 |
| 6 | M5 水泥砂浆 | $m^3$ | 20.882 | 185.77 | 3879.25 |
| | | | | | |
| 三 | 材料类别 | | | | |
| 1 | 钢筋 Φ10 以内 | kg | 282.9 | 3.2 | 905.28 |
| 2 | 钢筋 Φ10 以外 | kg | 424.35 | 3.2 | 1357.92 |
| 3 | 水泥综合 | kg | 98627.8359 | 0.366 | 36097.79 |
| 4 | 混凝土块道牙 | m | 0.75 | 31 | 23.25 |
| 5 | 板方材 | $m^3$ | 6.8728 | 1198 | 8233.61 |
| 6 | 硬木扶手 直形 150×60 | m | 175.35 | 100 | 17535 |
| 7 | 硬木弯头 | 个 | 110.22 | 24.6 | 2711.41 |
| 8 | 车花木栏杆 $\phi 40$ | m | 601.2 | 12.04 | 7238.45 |
| 9 | 烘干板方材 | $m^3$ | 1.632 | 2670 | 4357.44 |
| 10 | 红机砖 | 块 | 40188 | 0.177 | 7113.28 |
| 11 | 石灰 | kg | 6577.4835 | 0.23 | 1512.82 |
| 12 | 砂子 | kg | 739291.6477 | 0.067 | 49532.54 |
| 13 | 白灰 | kg | 163.8487 | 0.23 | 37.69 |
| 14 | 天然砂石 | kg | 7215454.688 | 0.051 | 367988.19 |
| 15 | 混凝土砌块砖 200mm×100mm×60mm | 块 | 880515 | 1 | 880515 |
| 16 | 方整石板 $\delta=20\sim25$mm | $m^2$ | 167.787 | 60.09 | 10082.32 |
| 17 | 仿石砖 0.01$m^2$ 以内 | $m^2$ | 40.9032 | 27.6 | 1128.93 |
| 18 | 花岗石 厚 30mm | $m^2$ | 278.0934 | 220 | 61180.55 |

## 单位工程人、材、机汇总表

工程名称：某小区园林绿化工程　　　　　　　　　　　　　　　　　　　　　　　　第2页　共3页

| 序　号 | 名称及规格 | 单位 | 数量 | 市场价 | 合计 |
|---|---|---|---|---|---|
| 19 | 毛面花岗岩板 50mm | $m^2$ | 81.1232 | 280 | 22714.5 |
| 20 | 螺栓 | 个 | 35.2656 | 3.73 | 131.54 |
| 21 | 铁件 | kg | 35.8736 | 3.1 | 111.21 |
| 22 | 预埋件 | kg | 187.207 | 2.98 | 557.88 |
| 23 | 乳液型建筑胶黏剂 | kg | 2.0124 | 1.6 | 3.22 |
| 24 | 乳胶 | kg | 2.672 | 4.6 | 12.29 |
| 25 | 防腐油 | kg | 4.7 | 1.48 | 6.96 |
| 26 | 建筑胶 | kg | 7.1626 | 1.84 | 13.18 |
| 27 | 电 | 度 | 15387.12 | 0.98 | 15079.38 |
| 28 | 无纺布 | kg | 490.05 | 5 | 2450.25 |
| 29 | C15 预拌混凝土 | $m^3$ | 1957.3616 | 251 | 491297.76 |
| 30 | C20 预拌混凝土 | $m^3$ | 22.6606 | 265 | 6005.06 |
| 31 | C20 预拌豆石混凝土 | $m^3$ | 0.36 | 280 | 100.8 |
| 32 | 松木桥面板 | $m^2$ | 835.758 | 340.13 | 284266.37 |
| 33 | 毛竹尖 | 根 | 1532 | 1.3 | 1991.6 |
| 34 | 农药综合 | kg | 2256.19 | 23.4 | 52794.85 |
| 35 | 喷播胶黏剂 | kg | 35.3925 | 35 | 1238.74 |
| 36 | 喷播保水剂 | kg | 108.9 | 28 | 3049.2 |
| 37 | 复合肥 | kg | 163.35 | 15 | 2450.25 |
| 38 | 肥料综合 | kg | 6467.18 | 1.89 | 12222.97 |
| 39 | 草坪肥 | kg | 2722.5 | 2 | 5445 |
| 40 | 尿素 | kg | 54.45 | 1.5 | 81.68 |
| 41 | 其他材料费 | 元 | 11673.2921 | 1 | 11673.29 |
| 42 | 水费 | t | 36375.157 | 5.6 | 203700.88 |
| 43 | 钢筋成形加工及运费 Φ10 以内 | kg | 282.9 | 0.135 | 38.19 |
| 44 | 钢筋成形加工及运费 Φ10 以外 | kg | 424.35 | 0.101 | 42.86 |
| 45 | 脚手架租赁费 | 元 | 2817.9648 | 1 | 2817.96 |
| | | | | | |
| 四 | 机械类别 | | | | |
| 1 | 载重汽车 4t | 台班 | 46.0748 | 275.62 | 12699.14 |
| 2 | 洒水车 4000L | 台班 | 0.09 | 327.75 | 29.5 |
| 3 | 喷播机 2.5t | 台班 | 26.136 | 349.71 | 9140.02 |
| 4 | 剪草机 | 台班 | 190.575 | 94.15 | 17942.64 |
| 5 | 碾压机 | 台班 | 8.9227 | 374.53 | 3341.82 |
| 6 | 自卸汽车 8t | 台班 | 5.55 | 489.72 | 2717.95 |
| 7 | 喷药车 | 台班 | 167.08 | 276.33 | 46169.22 |
| 8 | 其他机具费 | 元 | 33626.9961 | 1 | 33627 |
| | | | | | |
| 五 | 主材类别 | | | | |
| 1 | 紫叶李 | 株 | 48.72 | 350 | 17052 |

## 单位工程人、材、机汇总表

工程名称：某小区园林绿化工程　　　　第3页　共3页

| 序　号 | 名称及规格 | 单位 | 数量 | 市场价 | 合计 |
|---|---|---|---|---|---|
| 2 | 槐树 | 株 | 109.62 | 350 | 38367 |
| 3 | 垂柳 | 株 | 12.18 | 350 | 4263 |
| 4 | 旱柳 | 株 | 165.445 | 350 | 57905.75 |
| 5 | 馒头柳 | 株 | 37.555 | 350 | 13144.25 |
| 6 | 油松 | 株 | 29.435 | 350 | 10302.25 |
| 7 | 云杉 | 株 | 28.42 | 350 | 9947 |
| 8 | 河南桧 | 株 | 59.885 | 350 | 20959.75 |
| 9 | 合欢 | 株 | 31.465 | 250 | 7866.25 |
| 10 | 栾树 | 株 | 44.66 | 200 | 8932 |
| 11 | 毛白杨 | 株 | 113.68 | 450 | 51156 |
| 12 | 二球悬铃木 | 株 | 17.255 | 350 | 6039.25 |
| 13 | 千头椿 | 株 | 74.095 | 350 | 25933.25 |
| 14 | 西府海棠 | 株 | 5.075 | 300 | 1522.5 |
| 15 | 海州常山 | 株 | 25.375 | 150 | 3806.25 |
| 16 | 木槿 | 株 | 51.765 | 100 | 5176.5 |
| 17 | 重瓣棣棠花 | 株 | 1106.35 | 50 | 55317.5 |
| 18 | 棣棠花 | 株 | 578.55 | 80 | 46284 |
| 19 | 紫薇 | 株 | 56.84 | 80 | 4547.2 |
| 20 | 金银木 | 株 | 58.87 | 80 | 4709.6 |
| 21 | 黄刺玫 | 株 | 79.17 | 80 | 6333.6 |
| 22 | 华北珍珠梅 | 株 | 57.855 | 60 | 3471.3 |
| 23 | 华北紫丁香 | 株 | 109.62 | 60 | 6577.2 |
| 24 | 珍珠绣线菊 | 株 | 64.96 | 60 | 3897.6 |
| 25 | 鸡树条荚蒾 | 株 | 51.765 | 60 | 3105.9 |
| 26 | 紫珠 | 株 | 36.54 | 60 | 2192.4 |
| 27 | 红王子锦带 | 株 | 48.72 | 60 | 2923.2 |
| 28 | 大叶黄杨球 | 株 | 18.27 | 60 | 1096.2 |
| 29 | 金叶女贞球 | 株 | 11.165 | 50 | 558.25 |
| 30 | 平枝栒子 | 株 | 31.465 | 50 | 1573.25 |
| 31 | “主教”红端木 | 株 | 39.585 | 150 | 5937.75 |
| 32 | 黄栌 | 株 | 44.66 | 100 | 4466 |
| 33 | 连翘 | 株 | 74.095 | 150 | 11114.25 |
| 34 | 铺地柏 | 株 | 1530 | 50 | 76500 |
| 35 | 大叶黄杨 | 株 | 14198.4 | 20 | 283968 |
| 36 | 早园竹 | 株丛 | 6177.6 | 80 | 494208 |
| 37 | 五叶地锦 | m | 247.86 | 15 | 3717.9 |
| 38 | 迎春花 | 株 | 2580.6 | 25 | 64515 |
| 39 | 冷季型草 | kg | 680.625 | 20 | 13612.5 |
| | | | | | |
| | 合　　计 | | | | 4855355.41 |

## 单位工程三材汇总表①

工程名称：某小区园林绿化工程　　　　第1页　共1页

| 序　号 | 材料名称 | 单　位 | 数　量 |
|---|---|---|---|
| 1 | 钢材 | t | 0.9304 |
| 2 | 其中：钢筋 | t | 0.7073 |
| 3 | 木材 | $m^3$ | 8.5048 |
| 4 | 水泥 | t | 98.6278 |
| | | | |

① 单位工程三材汇总表

基本点：在工程中，钢材（尤其是其中的钢筋）、木材、水泥是三种非常重要的材料，在某些定额计价的招标投标过程中，招标方需要投标人提供三材汇总表用以衡量投标人是否在这三种材料上的数量计算上存在重大失误，或者存在不平衡报价，或者为使在投标中更有价格优势和竞争力而减少工程三材的投标量，更严重的会影响到今后承包人因为成本等原因而在这三种重要材料上的偷工减料，造成重大的工程及安全隐患。

## 单位工程材料价差表①

工程名称：某小区园林绿化工程　　　　第1页　共1页

| 序号 | 材料名称 | 单位 | 材料量 | 预算价/元 | 市场价/元 | 价差/元 | 价差合计/元 |
|---|---|---|---|---|---|---|---|
| 1 | 钢筋 | kg | 282.9 | 2.43 | 3.2 | 0.77 | 217.83 |
| 2 | 钢筋 | kg | 424.35 | 2.5 | 3.2 | 0.7 | 297.05 |
| 3 | 硬木扶手 | m | 175.35 | 88 | 100 | 12 | 2104.2 |
| 4 | 烘干板方材 | $m^3$ | 1.632 | 1630 | 2670 | 1040 | 1697.28 |
| 5 | 石灰 | kg | 6577.4835 | 0.097 | 0.23 | 0.13 | 874.81 |
| 6 | 砂子 | kg | 739291.6477 | 0.036 | 0.067 | 0.03 | 22918.04 |
| 7 | 白灰 | kg | 163.8487 | 0.097 | 0.23 | 0.13 | 21.79 |
| 8 | 天然砂石 | kg | 7215454.688 | 0.027 | 0.051 | 0.02 | 144309.1 |
| 9 | 防腐油 | kg | 4.7 | 0.95 | 1.48 | 0.53 | 2.49 |
| 10 | 建筑胶 | kg | 7.1626 | 1.7 | 1.84 | 0.14 | 1 |
| 11 | 电 | 度 | 15387.12 | 0.54 | 0.98 | 0.44 | 6770.33 |
| 12 | 综合工日 | 工日 | 450.8215 | 23.46 | 48 | 24.54 | 11063.16 |
| 13 | 综合工日 | 工日 | 4665.0584 | 28.24 | 48 | 19.76 | 92181.55 |
| 14 | 综合工日 | 工日 | 3030.2981 | 27.45 | 48 | 20.55 | 62272.63 |
| 15 | 综合工日 | 工日 | 1225.9305 | 31.12 | 48 | 16.88 | 20693.71 |
| 16 | 综合工日 | 工日 | 71.4096 | 28.43 | 48 | 19.57 | 1397.49 |
| 17 | 综合工日 | 工日 | 6154.0296 | 30.81 | 48 | 17.19 | 105787.77 |
| 18 | 综合工日 | 工日 | 36.5976 | 34.35 | 48 | 13.65 | 499.56 |
| 19 | 综合工日 | 工日 | 41.504 | 38.15 | 48 | 9.85 | 408.81 |
| 20 | 综合工日 | 工日 | 6.84 | 28.21 | 48 | 19.79 | 135.36 |
| 21 | 水费 | t | 36375.157 | 3.2 | 5.6 | 2.4 | 87300.38 |
| | | | | | | | |
| 合　计 | | | | | | | |

① 单位工程材料价差表

提示　材料价差表可以显示人、材、机的价格跟定额预算计价的区别，另一个作用是因为有些省市的定额取费是以定额基价取费的，价差是不取费的，提供此表能够看到价差的情况。

# 第六章　某小区园林绿化工程相关工程图样

## 第一节　工程量计算中的识图问题

施工图样是确定计算项目和构件各部位尺寸，合理准确地计算工程量的重要基础资料，全面熟悉施工内容而采用的标准图，以准、全、快地编制预算文件。可见，对图样的熟悉程度是编制预算文件的关键。施工图样标示的各种不同的构造、大小、尺寸的建筑构件提供了计算每一个工程项目数量的数据。图样各尺寸的关系，必须理解得一清二楚，这是保证准确计算工程量的先决条件，所以在编制预算前需要进行造价审图。

**1. 识图程序**

预算编制前识图，即造价审图，与组织施工或图样自审、会审的识图有所不同。它包括以下几个步骤：

（1）修正图样。首先按图样会审记录的内容和设计变更通知单的内容修改、订正全套施工图。施工图的修正在前，可避免因事后改变图样，而改变已计工程量计算数据等大量的重复劳动。

（2）粗略识图。在修改并订正全套图样后，对于一些简单的工程，有时可以省去粗略识图这一步，仅关注一下建筑“三大图”（建筑平面图、立面图和剖面图）就可着手计算工程量。就是先看平面图、立面图和剖面图来对整个工程的概貌有一个轮廓性的了解，对总的长、宽尺寸、轴线尺寸，标高，层高，总高有一个大体的印象。然后再看细部做法，核对总尺寸与细部尺寸。

（3）重点识图。在粗略看图的基础上突出重点。详细阅图。所关注的范围，主要是建筑“三大图”和“设计说明”。清楚意图后，可在具体分项工程量计算时做到“心中有数”，防患于未然。同时，也便于合理、迅速地划分分部计算范围和内容。

**2. 识图时应注意的细节问题**

（1）建筑部分。建（构）筑物平面布置在建筑总图上的位置有无不明确或依据不足之处，建（构）筑物平面布置与现场实际有无不符情况等。

（2）先小后大。首先关注小样图再关注大样图，核对在平面图、立面图、剖面图中标注的细部做法与大样图的做法是否相符；所采用的标准构（配）件图集编号、类型、型号与设计图样有无矛盾；索引符号是否存在漏标；大样图是否齐全等。

（3）先建筑后结构。就是先关注建筑图，后关注结构图；并把建筑图与结构图相互对照，核对其轴线尺寸、标高是否相符，有无矛盾；查对有无遗漏尺寸，有无构造不合理之处。

（4）先一般后特殊。应先关注一般的部位和要求，后看特殊的部位和要求。特殊部位一般包括地基处理方法，变形缝的设置，防水处理要求和抗震、防火、保温、隔热、隔声、防尘、特殊装修等技术要求。

（5）图样与说明结合。要在识图时对照设计总说明和图中的细部说明，核对图样和说明有无矛盾，规定是否明确，要求是否可行，做法是否合理等。

（6）土建与安装结合。当看土建图时，应有针对性地看一些安装图，并核对与土建有关的安装图有无矛盾，预埋件、预留洞、槽的位置、各种尺寸是否一致，了解安装对土建的要求，以便考虑在施工中的协作问题。

（7）图样要求与实际情况结合。就是核对图样有无不切合实际之处，如建筑物相对位置、场地标高、地质情况等是否与设计图样相符；对一些特殊的施工工艺施工单位能否做到等。

## 第二节　某小区园林绿化工程施工图样

某小区园林绿化工程施工图样见图 6-1 ~ 图 6-15（6-1、6-3、6-5、6-6、6-7、6-8、6-9、6-10、6-12 为插页，排书后）。

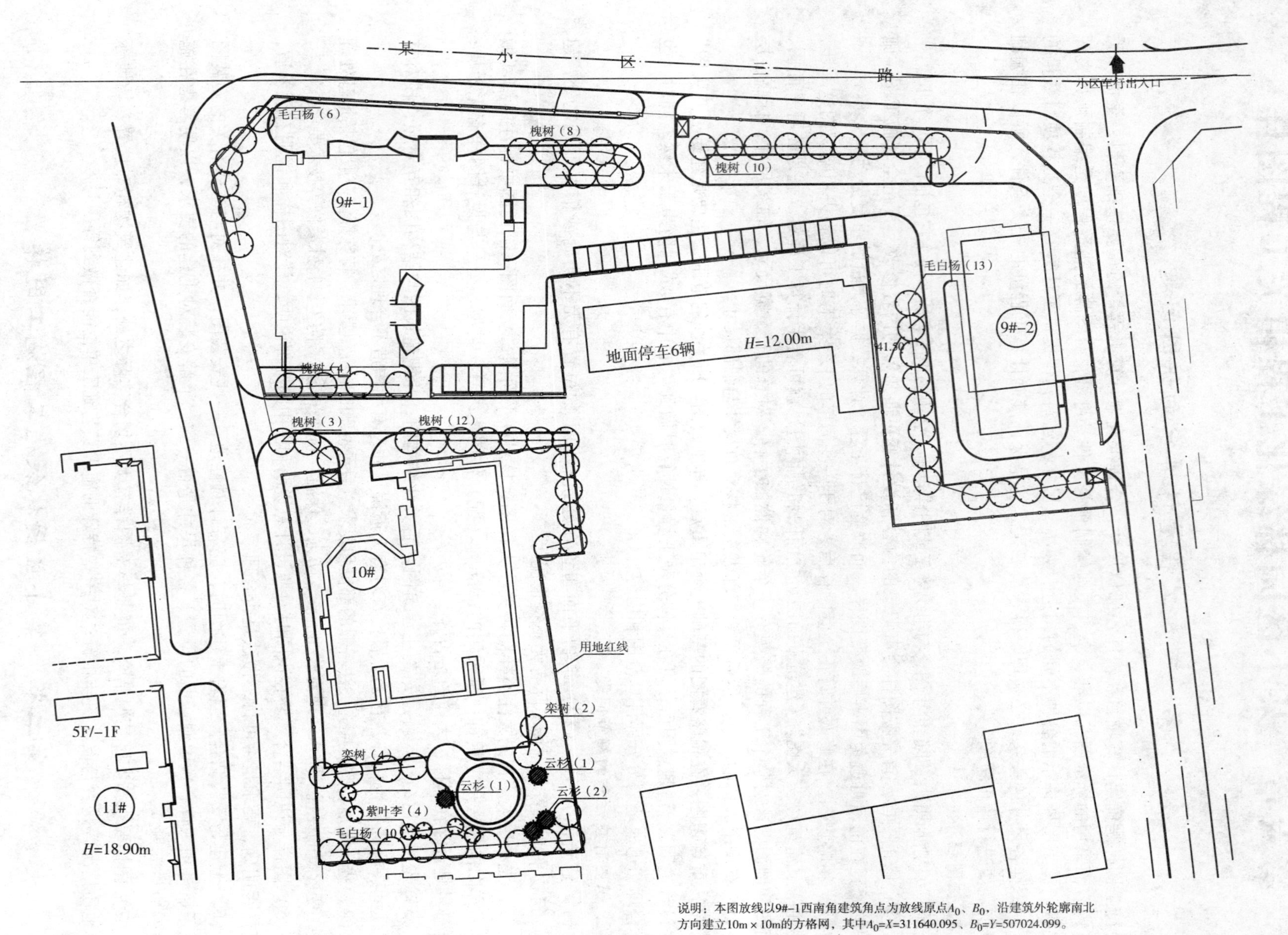


说明：本图放线以9#-1西南角建筑角点为放线原点$A_0$、$B_0$，沿建筑外轮廓南北方向建立10m×10m的方格网，其中$A_0$=$X$=311640.095、$B_0$=$Y$=507024.099。

图6-2　乔木种植平面图（二）

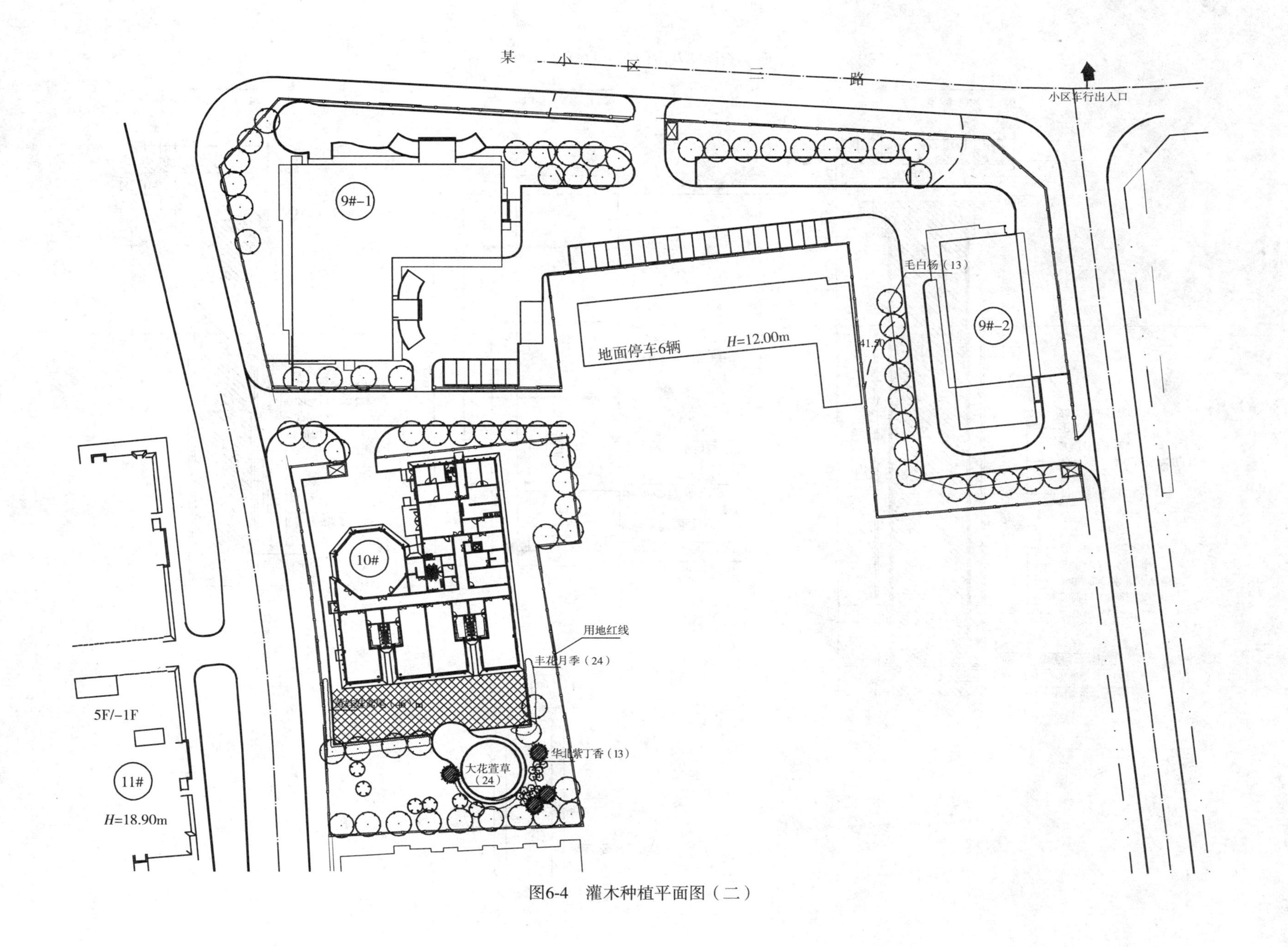


图6-4　灌木种植平面图（二）

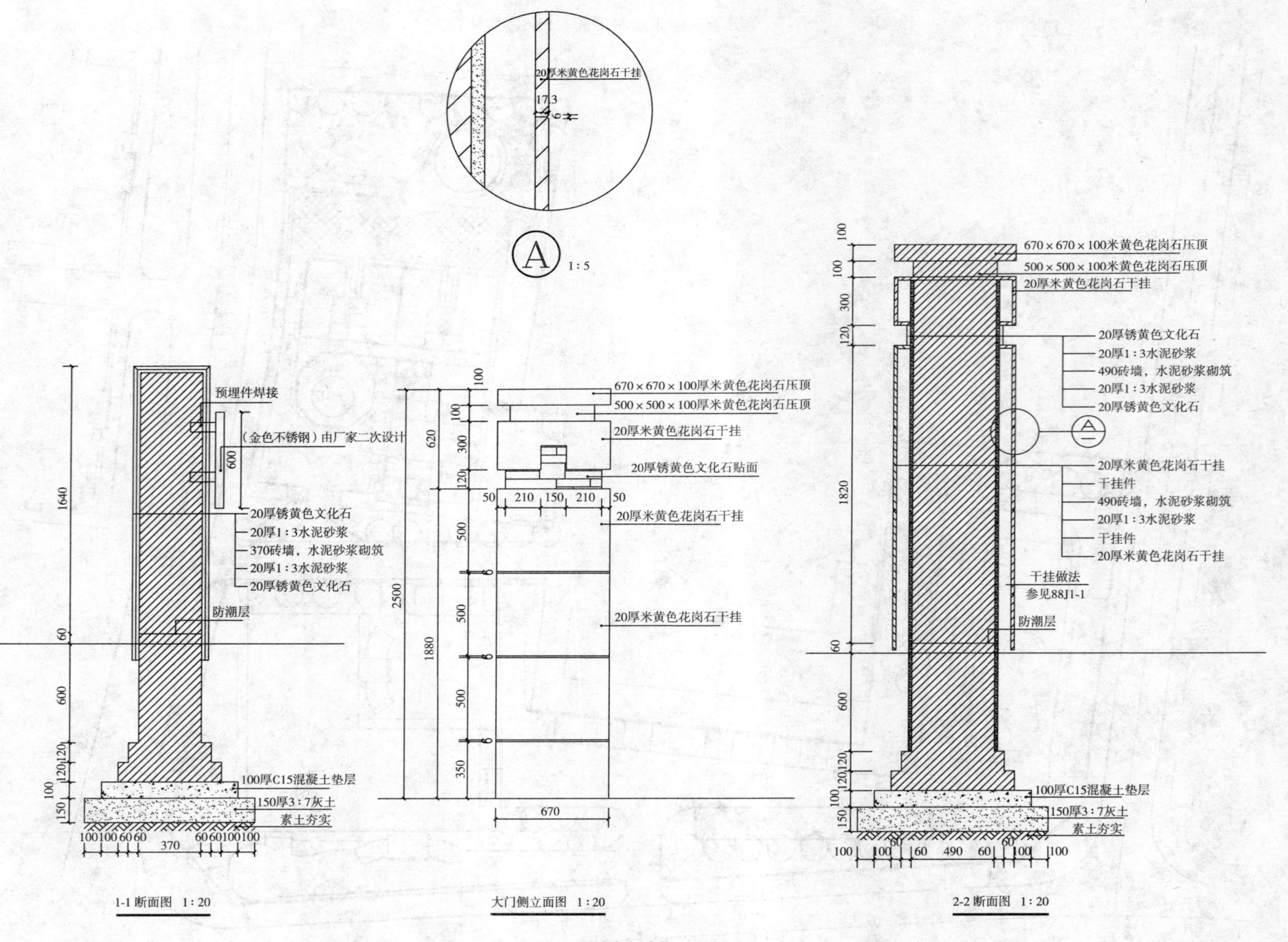

20厚米黄色花岗石干挂
A 1:5
预埋件焊接
（金色不锈钢）由厂家二次设计
20厚锈黄色文化石
20厚1:3水泥砂浆
370砖墙，水泥砂浆砌筑
20厚1:3水泥砂浆
20厚锈黄色文化石
防潮层
100厚C15混凝土垫层
150厚3:7灰土
素土夯实
1-1断面图 1:20
670×670×100厚米黄色花岗石压顶
500×500×100厚米黄色花岗石压顶
20厚米黄色花岗石干挂
20厚锈黄色文化石贴面
20厚米黄色花岗石干挂
20厚米黄色花岗石干挂
大门侧立面图 1:20
670×670×100米黄色花岗石压顶
500×500×100米黄色花岗石压顶
20厚米黄色花岗石干挂
20厚锈黄色文化石
20厚1:3水泥砂浆
490砖墙，水泥砂浆砌筑
20厚1:3水泥砂浆
20厚锈黄色文化石
20厚米黄色花岗石干挂
干挂件
490砖墙，水泥砂浆砌筑
20厚1:3水泥砂浆
干挂件
20厚米黄色花岗石干挂
干挂做法
参见88J1-1
防潮层
100厚C15混凝土垫层
150厚3:7灰土
素土夯实
2-2断面图 1:20


图6-11 大门剖立面图

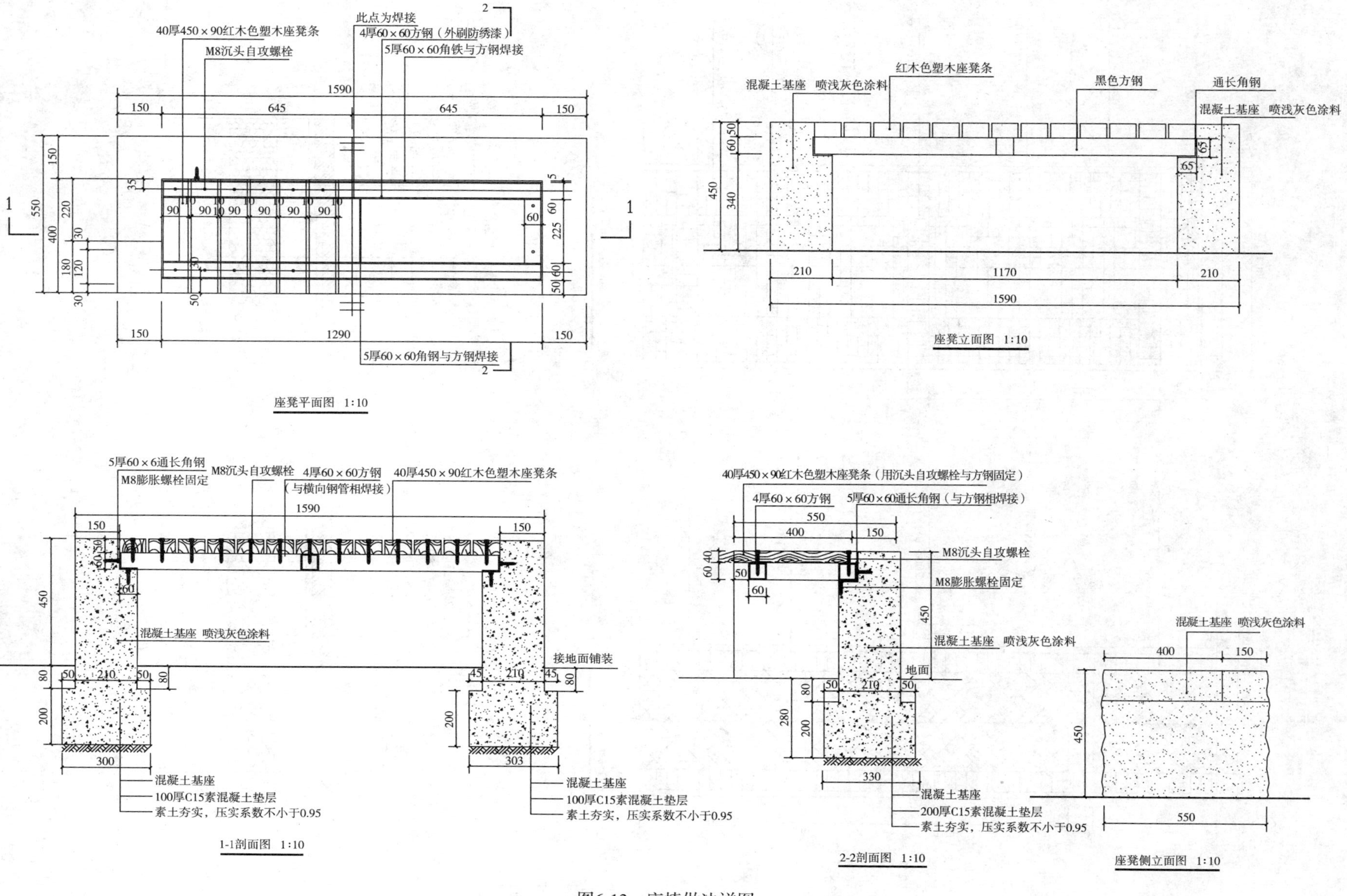
40厚450×90红木色塑木座凳条
M8沉头自攻螺栓
此点为焊接
4厚60×60方钢（外刷防锈漆）
5厚60×60角铁与方钢焊接
5厚60×60角钢与方钢焊接
座凳平面图　1:10
红木色塑木座凳条
混凝土基座　喷浅灰色涂料
黑色方钢
通长角钢
混凝土基座　喷浅灰色涂料
座凳立面图　1:10
5厚60×6通长角钢
M8膨胀螺栓固定
M8沉头自攻螺栓
4厚60×60方钢
（与横向钢管相焊接）
40厚450×90红木色塑木座凳条
混凝土基座　喷浅灰色涂料
接地面铺装
混凝土基座
100厚C15素混凝土垫层
素土夯实，压实系数不小于0.95
混凝土基座
100厚C15素混凝土垫层
素土夯实，压实系数不小于0.95
1-1剖面图　1:10
40厚450×90红木色塑木座凳条（用沉头自攻螺栓与方钢固定）
4厚60×60方钢
5厚60×60通长角钢（与方钢相焊接）
M8沉头自攻螺栓
M8膨胀螺栓固定
混凝土基座　喷浅灰色涂料
地面
混凝土基座
200厚C15素混凝土垫层
素土夯实，压实系数不小于0.95
2-2剖面图　1:10
混凝土基座　喷浅灰色涂料
座凳侧立面图　1:10

图6-13　座椅做法详图

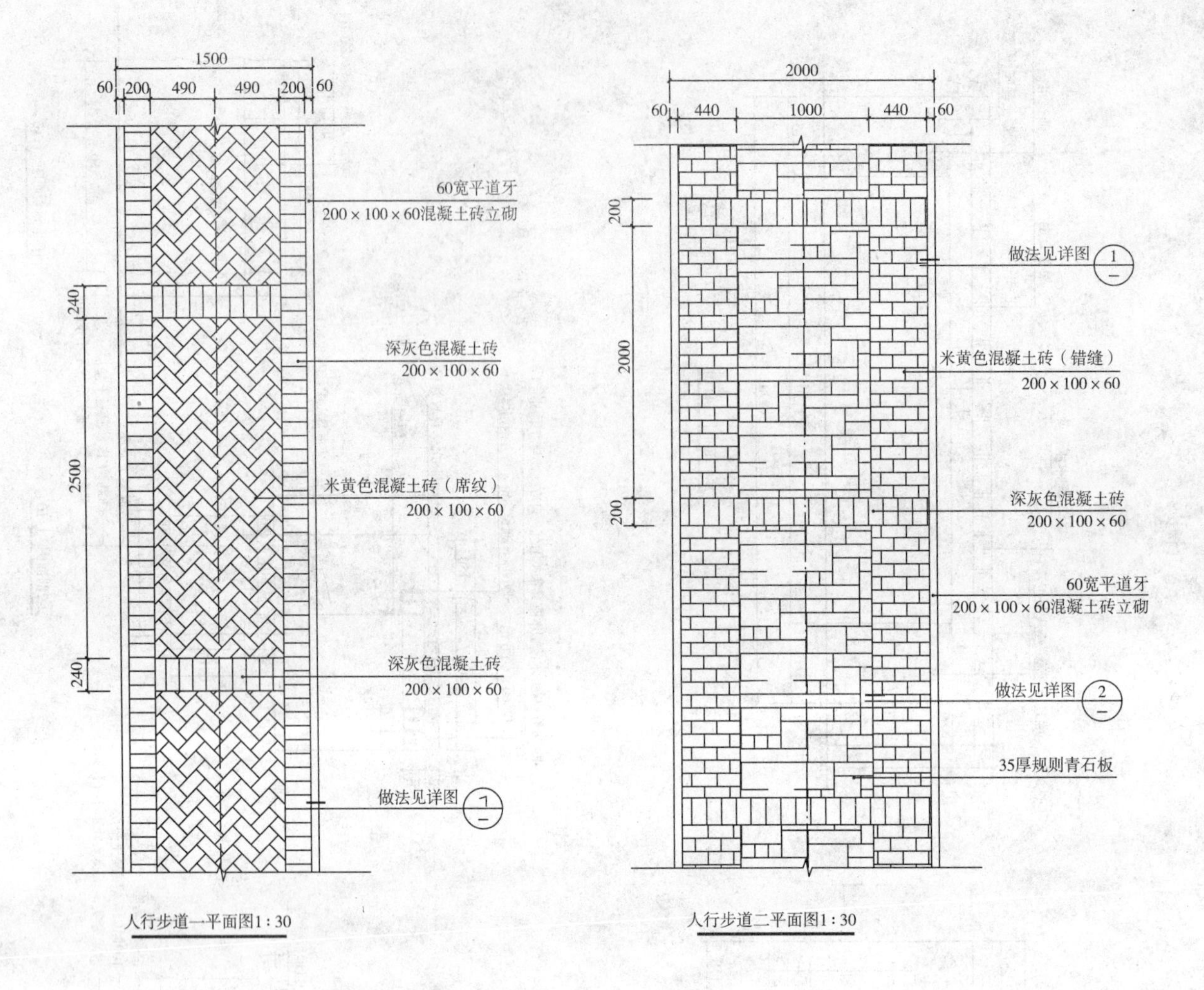
1500
60 200 490 490 200 60
60宽平道牙
200×100×60混凝土砖立砌
240
深灰色混凝土砖
200×100×60
2500
米黄色混凝土砖（席纹）
200×100×60
240
深灰色混凝土砖
200×100×60
做法见详图 1
人行步道一平面图1:30
2000
60 440 1000 440 60
200
做法见详图 1
2000
米黄色混凝土砖（错缝）
200×100×60
200
深灰色混凝土砖
200×100×60
60宽平道牙
200×100×60混凝土砖立砌
做法见详图 2
35厚规则青石板
人行步道二平面图1:30

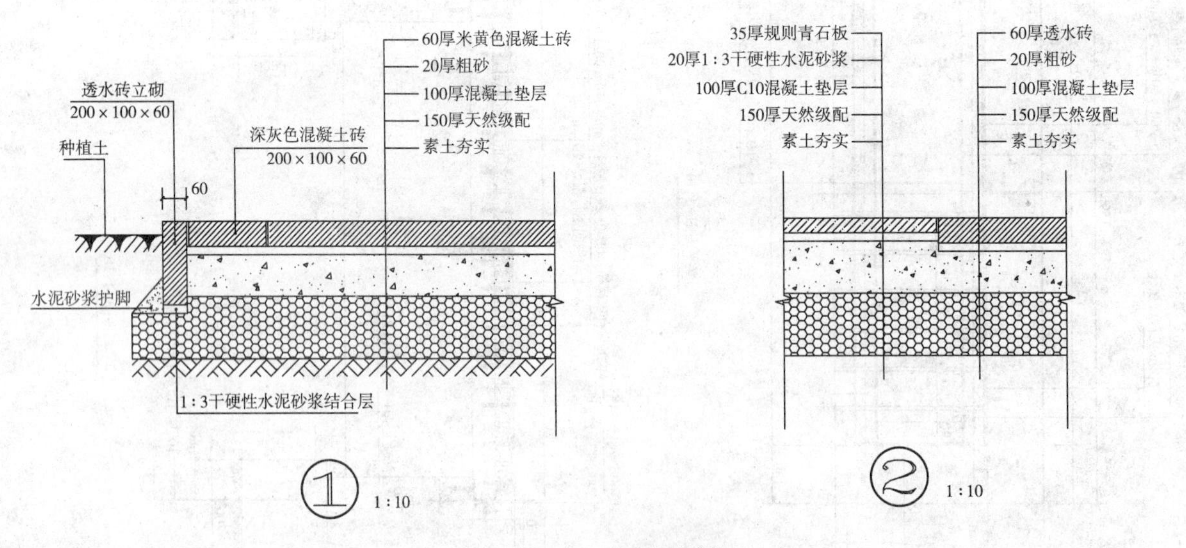
60厚米黄色混凝土砖
20厚粗砂
100厚混凝土垫层
150厚天然级配
素土夯实
透水砖立砌
200×100×60
深灰色混凝土砖
200×100×60
种植土
60
水泥砂浆护脚
1:3干硬性水泥砂浆结合层
① 1:10
35厚规则青石板
20厚1:3干硬性水泥砂浆
100厚C10混凝土垫层
150厚天然级配
素土夯实
60厚透水砖
20厚粗砂
100厚混凝土垫层
150厚天然级配
素土夯实
② 1:10

图6-14 道路铺装详图

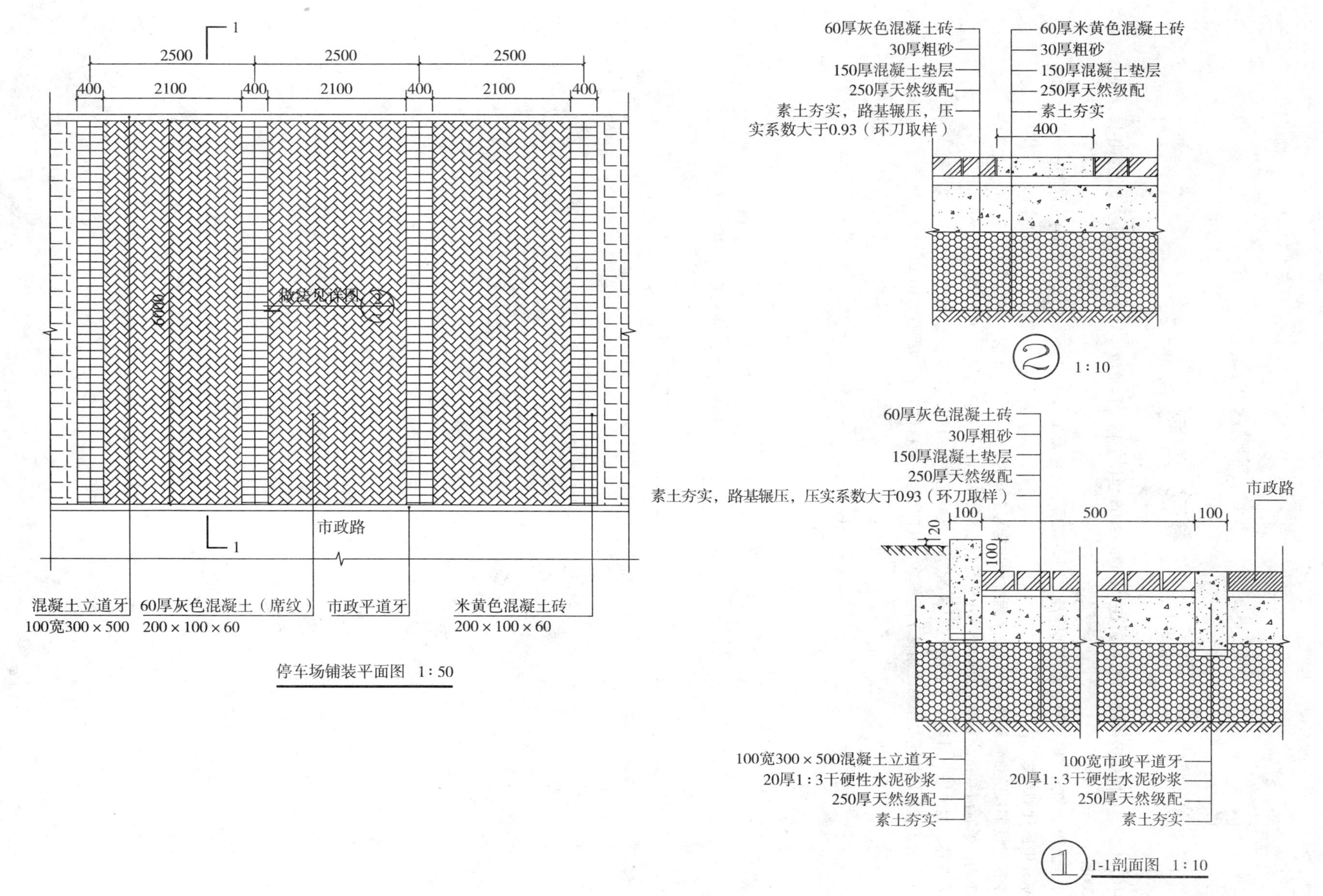


图6-15　停车场铺装做法详图

# 参考文献


[1] 中华人民共和国住房和城乡建设部 . GB 50500—2008 建设工程工程量清单计价规范 [S] . 北京：中国计划出版社，2008.

[2] 中华人民共和国住房和城乡建设部标准定额研究所 .《建设工程工程量清单计价规范》宣贯辅导教材 [M] . 北京：中国计划出版社，2008.

[3] 中国建设工程造价管理协会 . 建设工程造价与定额名词理解 [M] . 北京：中国建筑工业出版社，2004.

[4] 胡磊，彭时清 . 建设工程工程量清单计价编制实例 [M] . 北京：机械工业出版社，2006.

[5] 荣先林，姚中华 . 园林绿化工程 [M] . 北京：机械工业出版社，2004.

[6] 王玉松，看范例快速学预算之园林工程预算 [M] . 北京：机械工业出版社，2010.

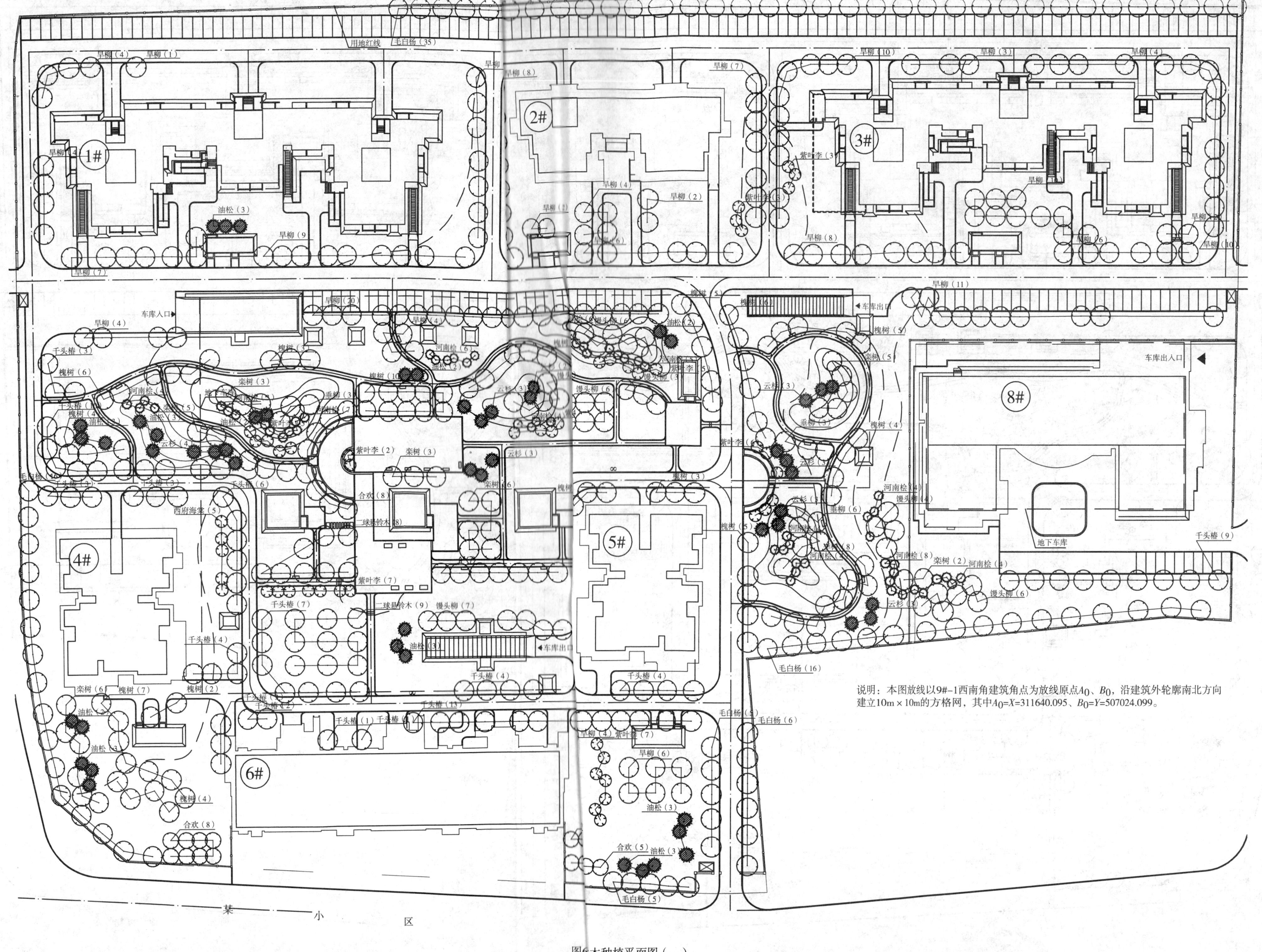

说明：本图放线以9#-1西南角建筑角点为放线原点$A_0$、$B_0$，沿建筑外轮廓南北方向建立10m×10m的方格网，其中$A_0$=$X$=311640.095、$B_0$=$Y$=507024.099。

图6木种植平面图（一）

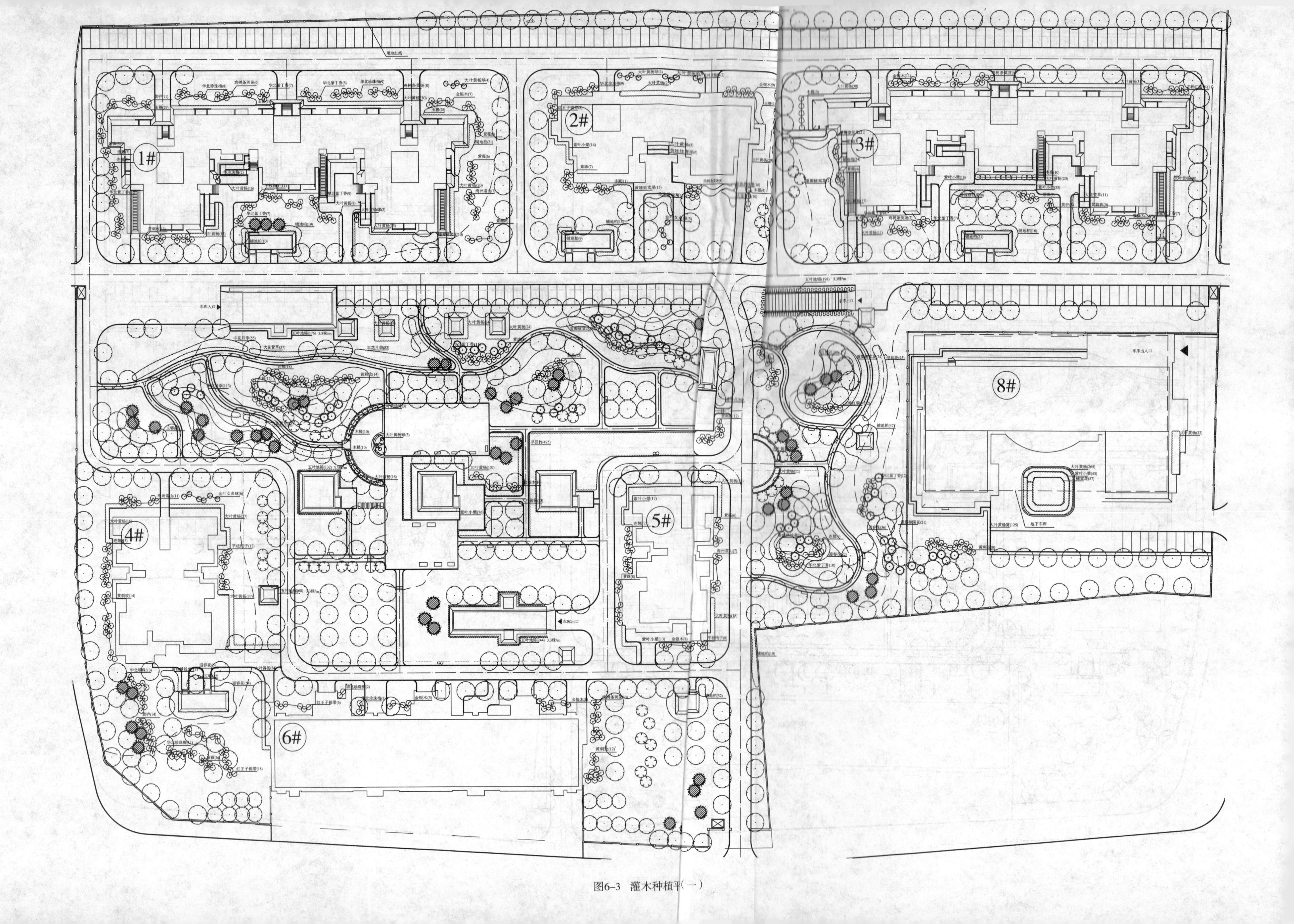


图6-3　灌木种植平(一)

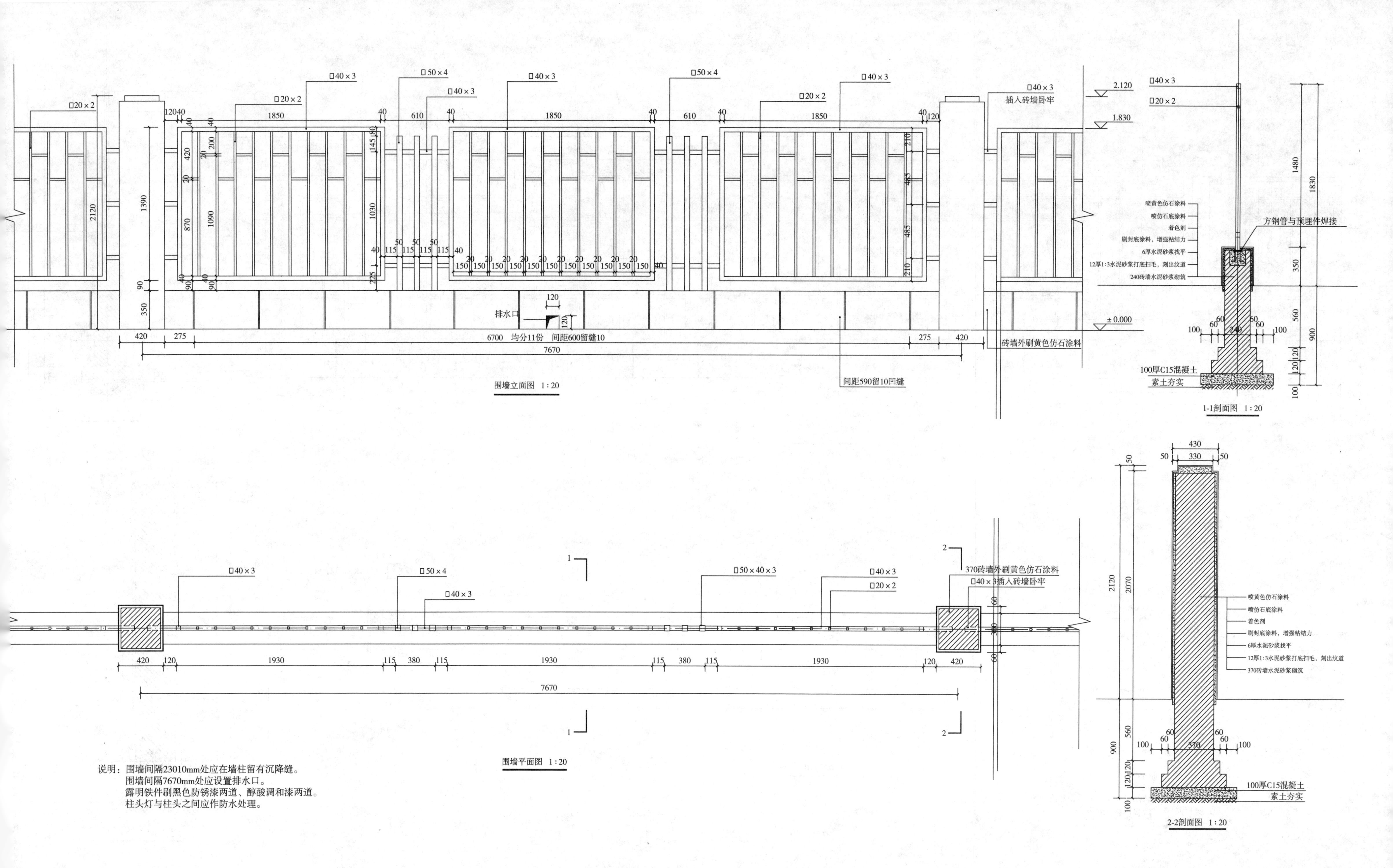


说明：围墙间隔23010mm处应在墙柱留有沉降缝。
围墙间隔7670mm处应设置排水口。
露明铁件刷黑色防锈漆两道、醇酸调和漆两道。
柱头灯与柱头之间应作防水处理。

图6-8 围墙详图（二）

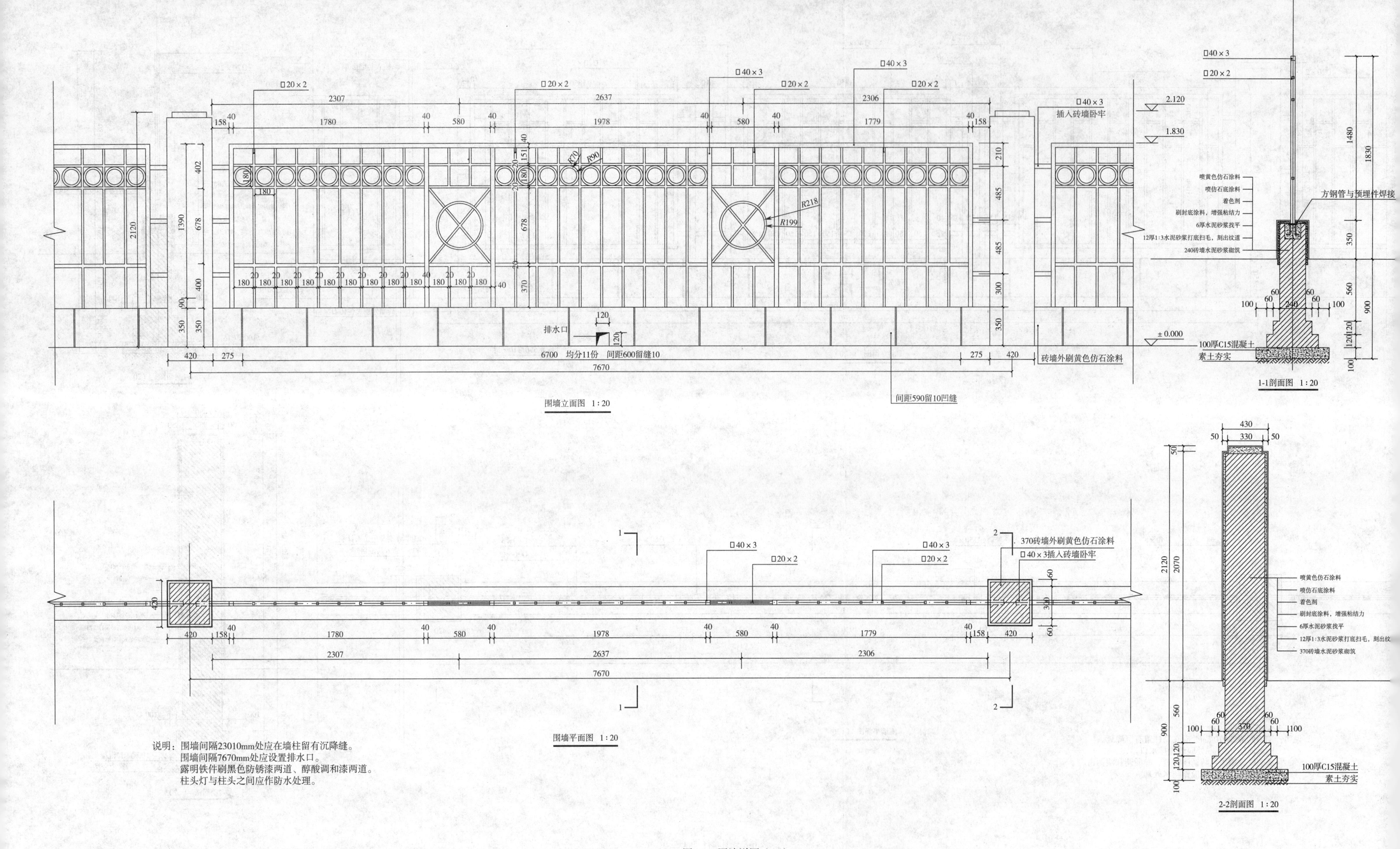
围墙立面图 1:20
围墙平面图 1:20
1-1剖面图 1:20
2-2剖面图 1:20
□20×2
□40×3
□40×3插入砖墙卧牢
插入砖墙卧牢
排水口
6700 均分11份 间距600留缝10
砖墙外刷黄色仿石涂料
间距590留10凹缝
370砖墙外刷黄色仿石涂料
方钢管与预埋件焊接
喷黄色仿石涂料
喷仿石底涂料
着色剂
刷封底涂料，增强粘结力
6厚水泥砂浆找平
12厚1:3水泥砂浆打底扫毛，刻出纹道
240砖墙水泥砂浆砌筑
370砖墙水泥砂浆砌筑
100厚C15混凝土
素土夯实
±0.000
1.830
2.120
说明：围墙间隔23010mm处应在墙柱留有沉降缝。
围墙间隔7670mm处应设置排水口。
露明铁件刷黑色防锈漆两道、醇酸调和漆两道。
柱头灯与柱头之间应作防水处理。

图6-9 围墙详图（三）

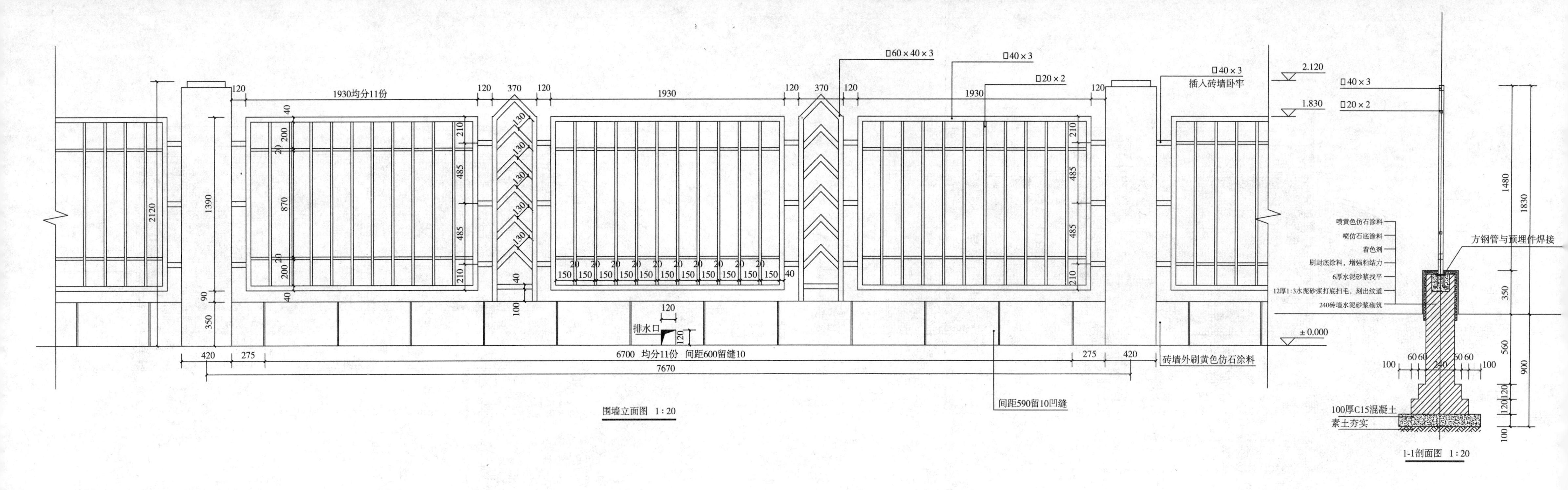

□60×40×3
□40×3
□20×2
□40×3
插入砖墙卧牢
2.120
1.830
±0.000
1930均分11份
1930
370
120
2120
1390
870
485
210
200
130
150
排水口
6700 均分11份 间距600留缝10
7670
420
275
砖墙外刷黄色仿石涂料
间距590留10凹缝
围墙立面图 1:20
喷黄色仿石涂料
喷仿石底涂料
着色剂
刷封底涂料，增强粘结力
6厚水泥砂浆找平
12厚1:3水泥砂浆打底扫毛，刻出纹道
240砖墙水泥砂浆砌筑
方钢管与预埋件焊接
1480
1830
350
560
900
100厚C15混凝土
素土夯实
1-1剖面图 1:20


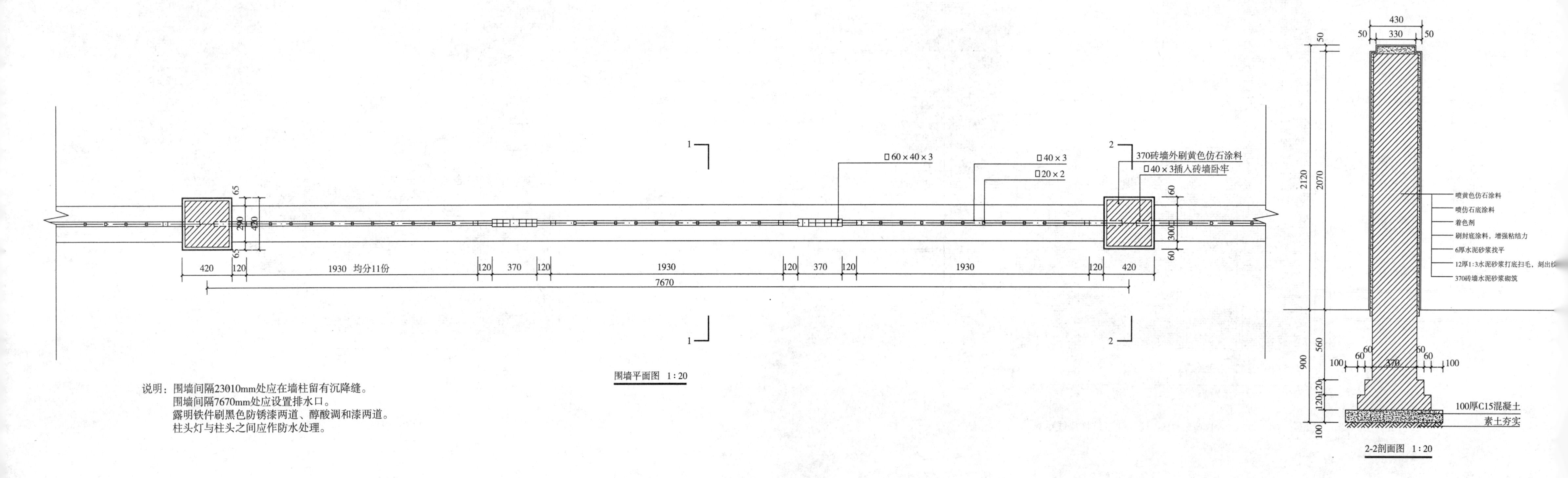

370砖墙外刷黄色仿石涂料
□40×3插入砖墙卧牢
□60×40×3
□40×3
□20×2
1930 均分11份
1930
7670
围墙平面图 1:20
430
330
2120
2070
喷黄色仿石涂料
喷仿石底涂料
着色剂
刷封底涂料，增强粘结力
6厚水泥砂浆找平
12厚1:3水泥砂浆打底扫毛，刻出纹
370砖墙水泥砂浆砌筑
560
900
100厚C15混凝土
素土夯实
2-2剖面图 1:20
说明：围墙间隔23010mm处应在墙柱留有沉降缝。
围墙间隔7670mm处应设置排水口。
露明铁件刷黑色防锈漆两道、醇酸调和漆两道。
柱头灯与柱头之间应作防水处理。


图6-7 围墙详图（一）

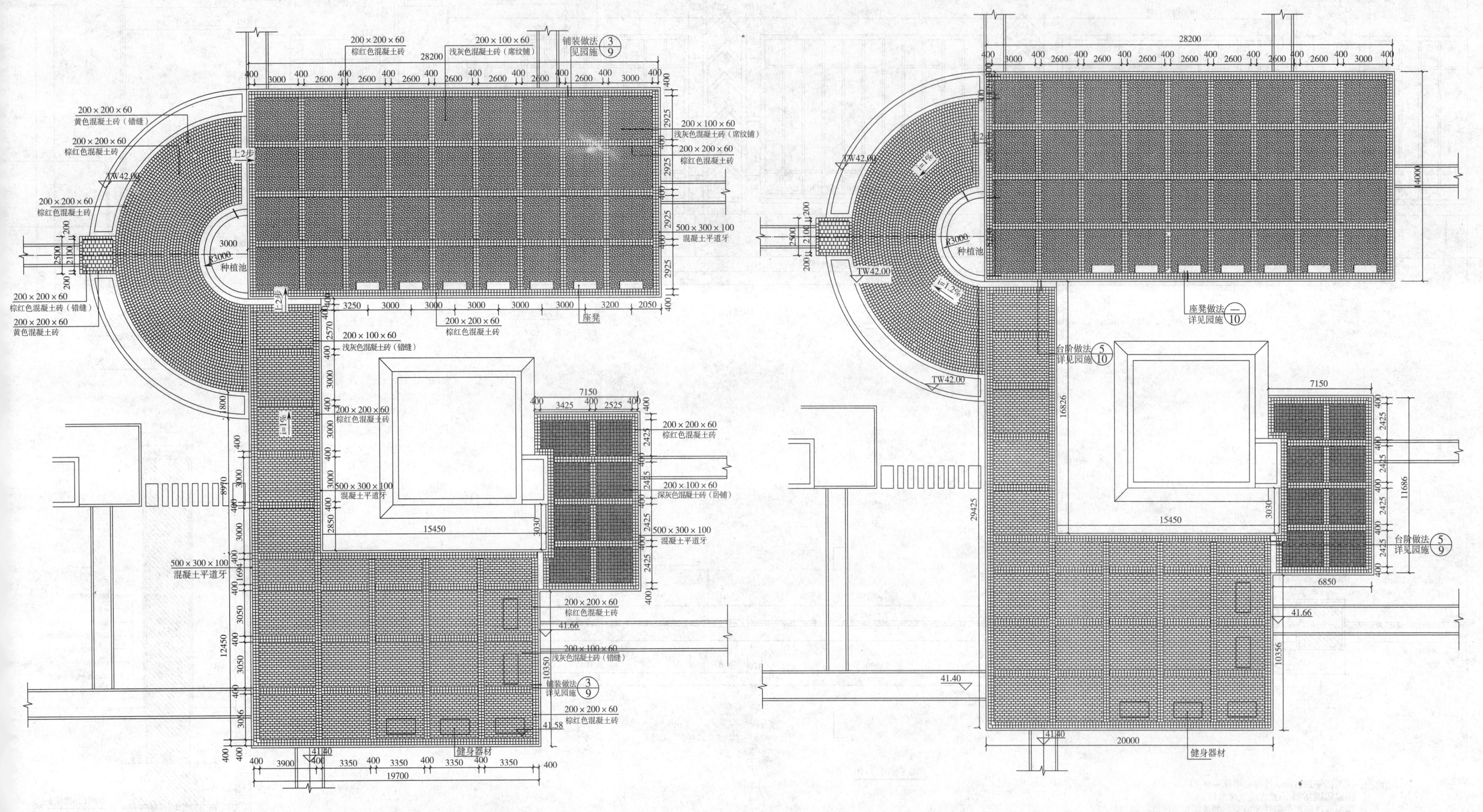

图6-5 中心场地铺装纹样放线示意图

图6-6 中心场地示意图

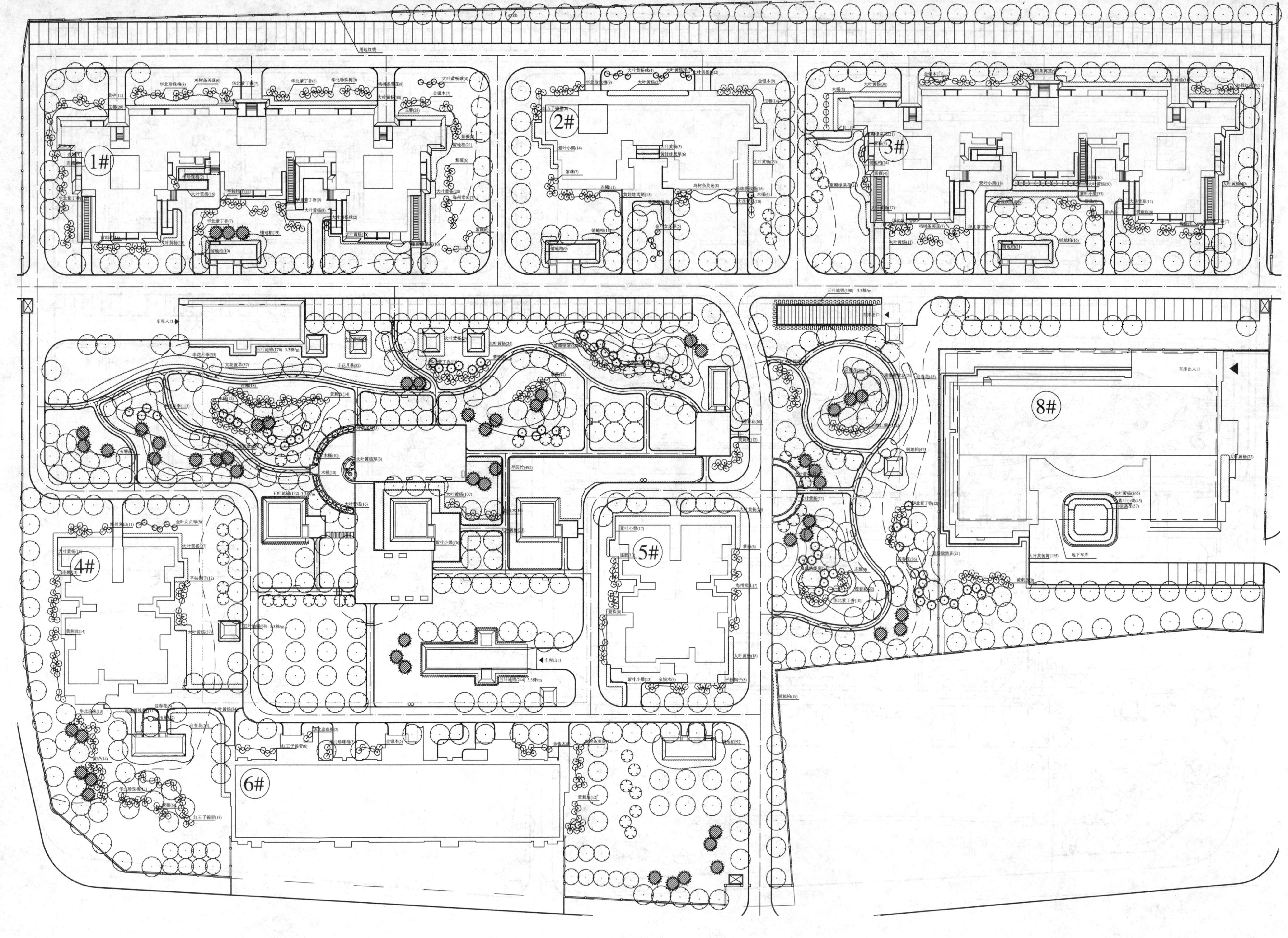


图6-3　灌木种植平面图（一）

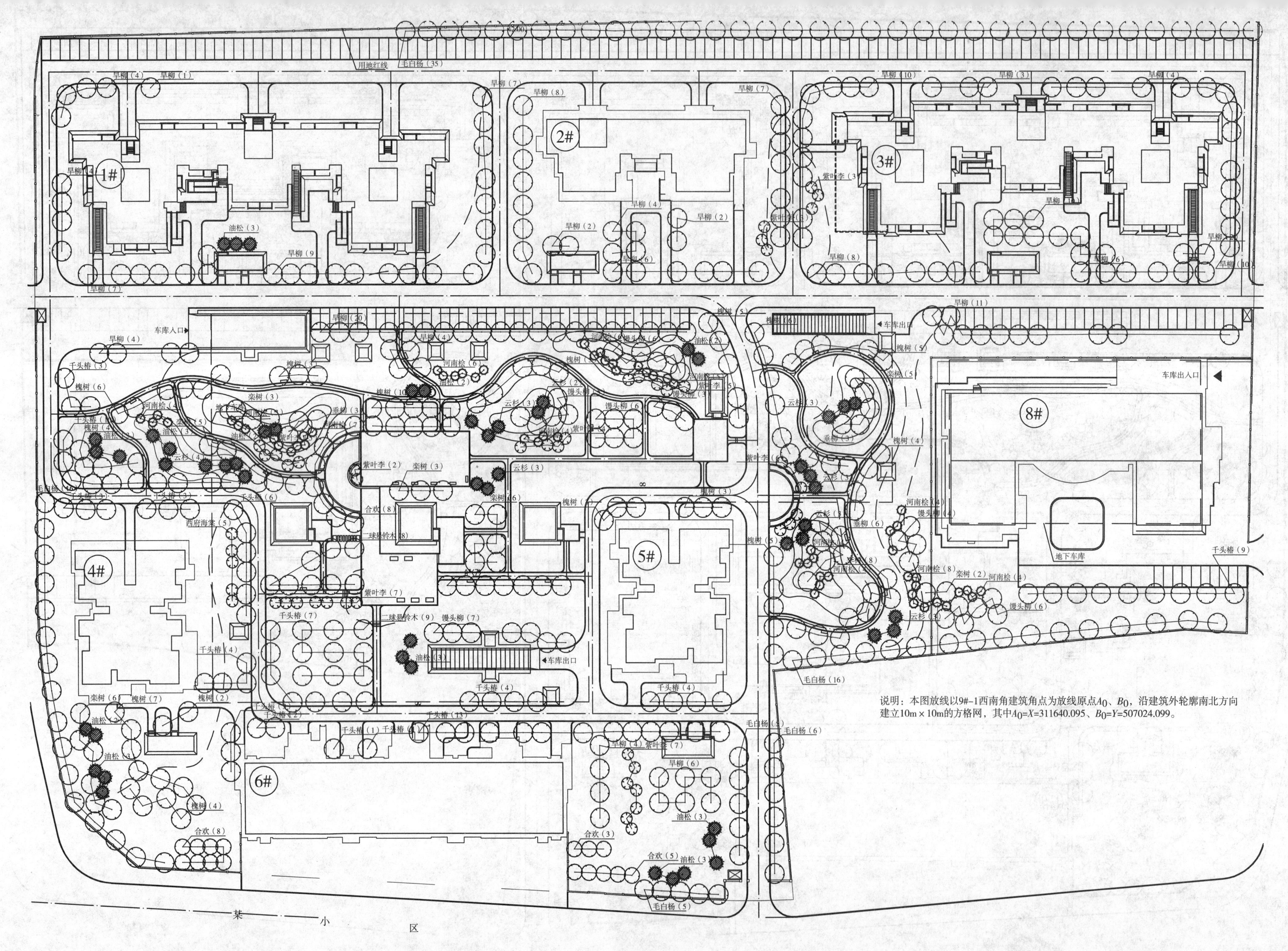


说明：本图放线以9#–1西南角建筑角点为放线原点$A_0$、$B_0$，沿建筑外轮廓南北方向建立10m × 10m的方格网，其中$A_0$=$X$=311640.095、$B_0$=$Y$=507024.099。

图6-1　乔木种植平面图（一）

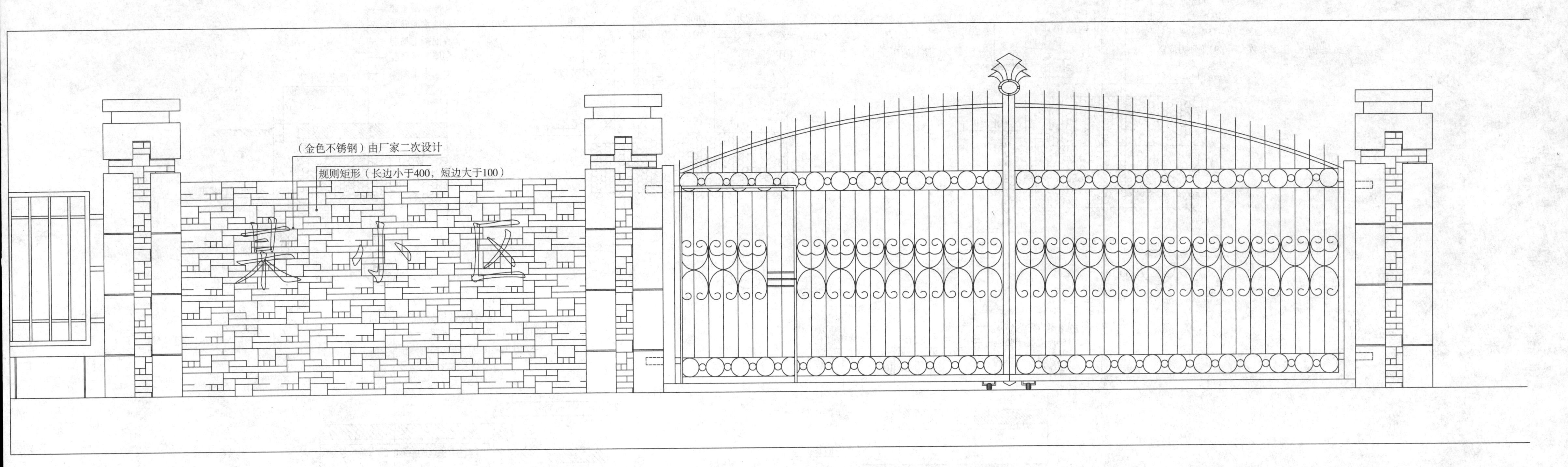


大门正立面图 1∶20

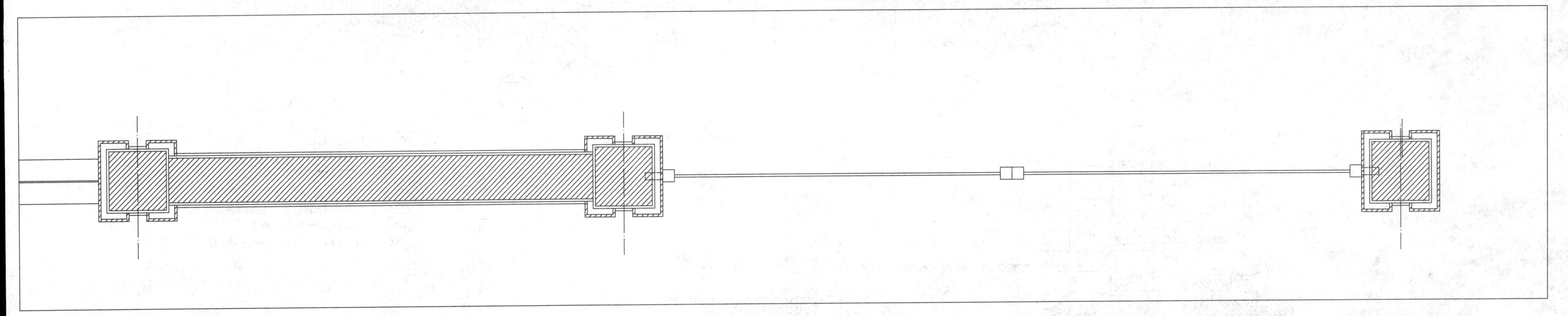

说明：施工时应提前确定铁艺门与门垛焊接位置。

大门平面图 1∶20

图6-10　大门平立面图

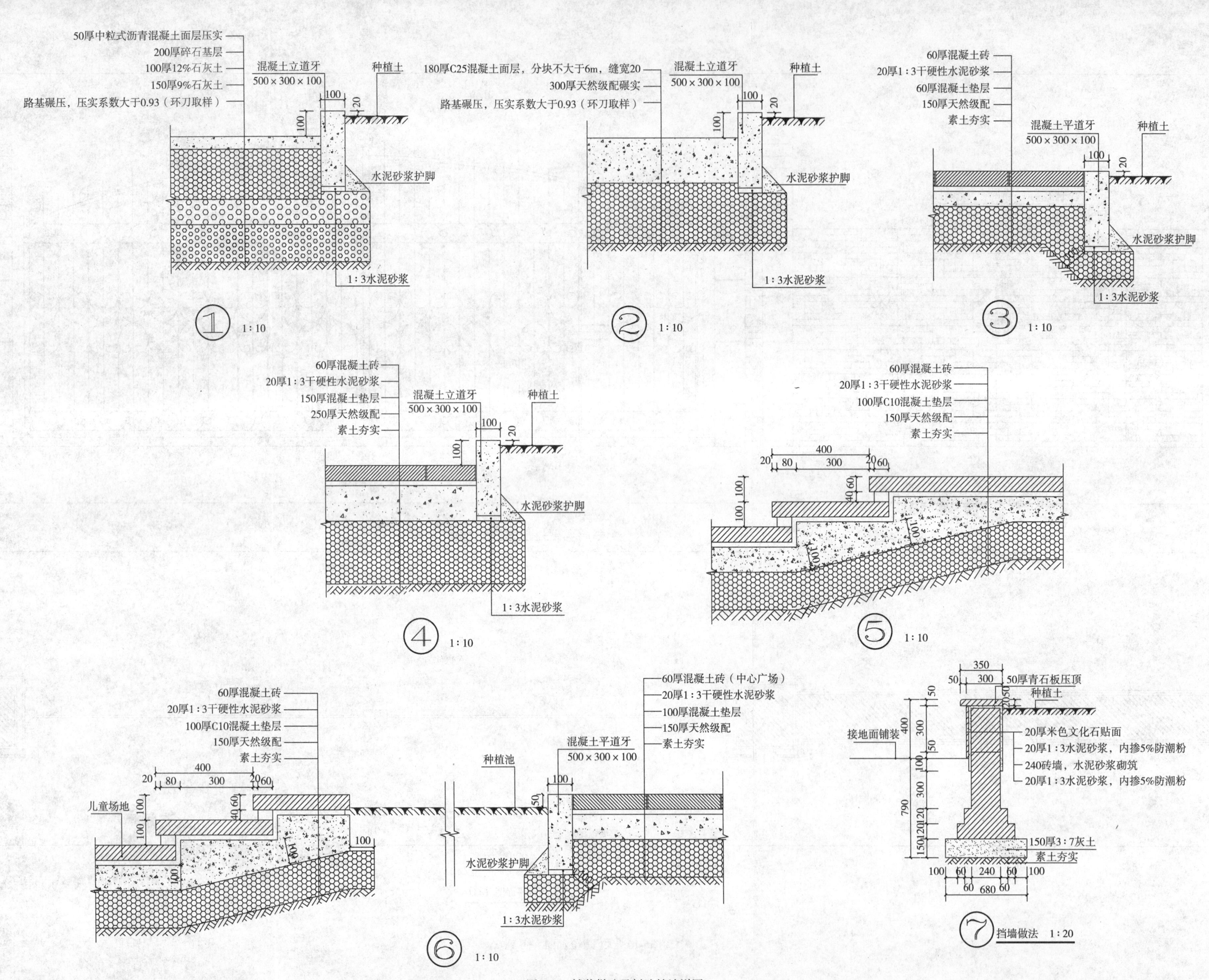


图6-12 铺装做法及树池挡墙详图